原発事故後の日本を生きるということ

小出裕章・中嶌哲演・槌田劭 著

JN299795

農文協
ブックレット

生き方の問題としての原発問題——まえがきに代えて

2011年3月11日は忘れがたい日となった。その日、偶然ではあるが、福島と並ぶ原発銀座、福井県にいた。敦賀原発から10キロ余の越前市で日本有機農業研究会の全国大会が開催されようとしていた。その準備のための会合の席に、巨大な地震・津波のニュースである。その規模の大きさに驚きながら東北に散在する原発の心配をしているところに、電源喪失と伝えられた。

その瞬間から、頭の中は真っ白になった。非常用の電源を失ったとき、原子炉の炉心の破局が不可避だからである。高温の炉心は、その巨大な余熱だけではなく、莫大な崩壊熱によって燃料棒は水素ガスを発生し、崩れ落ちる。炉心溶融、メルトダウン、メルトスルー……。大量の放射能放出となって、近隣住民の被災は深刻になるだろう……。当ってほしくない予測が適中していくことに恐怖を感じた。

その後の事態の推移は周知のとおりである。

このような事故を未然に防ぐことのできなかった現実に、私は自責の念を深めざるを得ない。「原子力ムラ」の面々に反省の見られぬことに怒りを禁じえないのはもちろんだが、反対の立場をとってきた私たちも、同時代を非力に過ごした責任を自覚し、被災された方々の現実に心を寄せ、未来世代への罪を自省しなければなるまい。その自責と自省の思いをもって、反原発の立場から脱原発の社会と暮らしへの道を拓く最後のチャンスが今なのだと思う。

そうした「生き方の問題としての原発問題」として、本書を世に問うこととした。「原発事故後の日本を生きるということ」という本書の書名がそれを端的に示しているが、本書中にちりばめた例えば次のような見出しからも、その意図は汲み取っていただけるものと思う。

原発推進の確信犯から反原発の確信犯へ／隣接領域がわからないから事故の進展もわからない「専門家」たち／放射能が怖いという反原発が弱者にしわ寄せしていないか／人生を狂わされた被爆者に学んで／自責の念をもって原子力を止める／〝資源のない国 日本〟という発想の貧困を乗り越える／脱原発は、いのちの原理に未来を託すこと／……。

原発事故そのものについて東電や「原子力ムラ」の責任を追及することは大切であるが、同時に、そのような深刻な事態を引き起こしてしまった戦後日本社会、さらには、その中で罪深い豊かさを享受してきた私たちの生き方を問うことが、いま必要なのだと思う。

＊

長く反原発をたたかってきた友人たちは、この事態の中で、どう考えているのだろうかと思っていたとき、ロシナンテ社の四方さんから本書の企画の提案を受けた。

小出さんは伊方原発住民訴訟を共にたたかった、最も信頼する友人である。中嶌さんは福井県小浜市の名刹明通寺の住職であり、若いときより反原発の立場を貫いてこられた。

原発事故は物量豊かな科学技術文明の破綻・崩壊の号砲であり、世界経済の縮小と人びとの暮らしに激変をもたらす第一歩となるだろう。地下資源の限界がその争奪戦を拡大し、人類を悲劇の渦に巻き込みつつある。その予感を背景に、お二人と話し合った。真剣な対話によって中身の濃いものになったと自負している。それを読者の皆さんと共有したいと思う。脱原発の社会と暮らしへの軟着陸がもとめられており、本書がそのヒントになることを願っている。

２０１２年11月

著者を代表して　槌田　劭

PART 1

原発という犯罪に抗して

【対談】小出裕章×槌田劭

原発推進の確信犯から反原発の確信犯へ

槌田　小出さんとの出会いは伊方原発の建設差し止め裁判でしたよね。

小出　そうです。

槌田　そもそものきっかけは、小出さんが１９７４年にこの実験所（京都大学原子炉実験所）へ移って来られたことだと思います。

小出　１９７４年の４月に、原子炉実験所に就職しました。

槌田　伊方の裁判が始まるのが73年からでしたから、初期の初期から小出さんにはいろいろお力をいただいてきました。

小出　こちらこそ、槌田さんがいてくれなかったら裁判はできませんでした。

槌田　いえ、とんでもない。僕はもともと原子力はずぶずぶの素人です。

小出　でも、裁判のなかで槌田さんが果たしてくださった役割は大きかったです。私はここに来る前には東北大学にいて、女川の原子力発電所の反対運動をしていましたし、その裁判もやっていました。

　京大の原子炉実験所に行けば、海老沢、小林圭二、瀬尾、川野たち*がいるということは知っていました。伊方の裁判が始まっていたということも知っていましたので、原子炉実験所に入った後は、伊方裁判に関わろうと思っていました。

*熊取六人組といわれる京都大学原子炉実験所原子力安全研究グループ。同実験所が大阪府熊取町にあったことから名付けられた。メンバーは海老沢徹・小林圭二・瀬尾健（故人）・川野真治・小出裕章・今中哲二の６氏。伊方原発建設差し止め裁判を研究者の立場で支えた。
この研究者グループのまとめ役が久米三四郎（大阪大学理学部核化学・故人）と荻野晃也（京都大学工学部）の両氏。

来てすぐに弁護団会議に参加させていただいて、それ以降ずっと裁判には関わらせてもらうようになりました。

　私はもともと放射能を測定するのが仕事です。伊方原発の前面の海の汚染をとにかく調べようと思っていました。現地の漁民、住民と一緒に海の汚染の調査も始めていました。

槌田　そうすると、小出さんとしては学生時代からの確信犯ですね。

小出　はい、そうです。しかし初めは原子力に夢をもって東北大学工学部の原子核工学科に入学しました。

槌田　そのときは、原子力は未来のエネルギーというイメージだったんでしょ。

小出　そうです。ですから、原子力をすすめるほうの確信犯だったんです。

槌田　最初はね。大学院を出られてここへ移って来る時点では、もう反原発的な考えをもっていた。

小出　反原発の確信犯です。

槌田　確信犯から確信犯に大転向ですね。

小出　そうです。私は68年の4月に大学に入りました。その年は東大で大学闘争が始まった年だったんですが、私は原子力推進の確信犯でしたので、大学闘争なんて横目に見て、原子力推進のために一所懸命に大学で勉強をしていたんです。

槌田　卒業は何年でしたかね？

小出　大学は72年3月に卒業して、それから大学院に2年行きました。

槌田　そうすると学園紛争の真っ最中のときは、1、2年生、教養課程に所属していた。

小出　そうです。68年、69年が教養課程だったのです。少なくとも68年の4月に入って、ほとんど、まる1年間は、大学闘争なるものが何をしているのかわからないまま、ひたすら勉強していたのです。

69年、1年生の終わりのころ、年があけて1月になって、東大の安田講堂の攻防戦というのがあったんですね。それを、私は東北大学の生協の購買部のテレビでたまたま見たんです。私、実はテレビは全然見ないんですけれどもね。初めて大学で今、こういうことが起きているということに気がついて、このことの意味というものを考えなければいけないと思うようになったんです。

槌田　なるほど。

（撮影：松岡広樹）

小出裕章 氏

京都大学原子炉実験所助教。1949年、東京生まれ。東北大学工学部、同大学院修士課程修了。全ての原子力発電を止めさせ、廃炉にするために全精力を注ぐ。

「この学問に自分を賭けることはできない」

小出　ちょうどそのころが、東北電力が原子力発電所をつくるという計画を立ち上げたときでした。その原子力発電所を電力大消費地である仙台ではなくて、女川にすると言ったんですね。

そのときは、まだ何だかよくわからなかったんです。しばらくして女川の人たちが、「何で電気を使う仙台ではなくて女川に建てるんだ」という声を上げたのです。

槌田　原発を押しつけられるのはどこも貧しい漁村なのですよね。その理不尽さへの疑問ですね。

小出　それに答えなければいけないと私は考え込んでしまいました。しかし原子核工学科の教授たちは、もちろん原子力は安全なものだ、すばらしいものだ、そういう教育しかしないわけです。でもつじつまが合わない。安全なら都会に建てりゃいいのに、どうしてだ、ということですね。

ちょうどその当時は、アメリカで原発反対の動きがようやくにして出てきたころです。憂慮する科学者同盟が、原子力に反対するペーパーを出すようになっていた時代なんですね。わたしは、もうしょうがないので、その米国発のペーパーを勉強しながら原子核工学科の教授たちと論争を始めました。

槌田　何年生のとき？

小出　2年の後半からです。

槌田　そうすると原子力に夢を託す確信犯から疑問を持ち始めるのは早いですね。

小出　1年の終わるころに、疑問が芽生えてきていました。大学1年間はほとんど無遅刻無欠席で、学生服を着て大学に通っていました。そういう学生だったんです。2年に入ってからは、ほとんど1時間の授業にも出たことがないというふうに変わっていました。大学闘争が私に問うた課題、つまり、自分のやっている学問の社会的意味というのを大学闘争から問われた。

一方では、女川の住民から、原子力って一体何なのだと問われて、その答えを2年になってから探し求めたんです。原子核工学科の教授たちとも論争しながら。

苦悩の日々を過ごしたわけです。結論は、もう今となってからは単純明快で、原子力発電所というのは都会では抱えきれないほどのリスクがある。そのことを推進派も承知しながらやっているということなわけです。

そのことに気づいたら、もう私は、この学問に自分を賭けることはできない、この世界をやめさせることが私の仕事だろうと思うようになっていました。推進の確信犯から反対の確信犯に１８０度変わったんですね。

槌田　最初、女川に出かけた時、どんな印象を持ちました？

小出　高校のときはクラブ活動で地質部に入っていましたので、よく山へ出かけていました。だから田舎は知っていました。でも女川のような鄙びたところで人びとが生活しているという圧倒的な現実を高校のときは知りませんでした。

槌田　漁民から、なんで仙台に原発をつくらないのか問われたわけでしょう。

小出　そうなると答えなくてはいけない。

その答えを求めて、女川に長屋を借りて住むことになりました。１９７０年の10月23日に女川の漁民たちが第１回の総決起集会をやる。そのときからビラをまき始めました。

宗ちゃん*に相談して長屋を借りてそこに住み込んでガリ版の謄写版を持ち込んでビラを刷っていました。それを町内にまき始めました。私は女川に半分、仙台に半分という生活になりました。

仙台では、大学闘争は下火になっていましたが、私は逆で、原子核工学科で授業をつぶす闘いをやっていました。それは大学院を出るまで続きました。１９７４年の3月までです。

槌田　生活と結びついてものを考えるのと、生活から離れて理屈だけで考えるのとでは大違いですね。生きている人たちの現実を見ないで考えてはだめなんだと思います。

その点、僕は恥ずかしいです。大学に入学した年（１９５４年）がビキニ水爆実験。入学試験を受けているその時に福竜丸が被爆しているんです。

僕は常識的で湯川秀樹さんのノーベル賞に心を躍らせる少年期でしたが、科学技術はこんな形で悲惨なことをしでかすんだ。その段階で僕の夢に疑問が芽生えます。それで原水禁運動にかかわり出します。

京大の宇治分校に通っていた1年生のころは、自治会ボックスばっかり出入りしていました。原水禁運動は大学の外へ働きかける運動ですから、あっちこっちへと出かけます。

そうなると授業出てもわからなくなる。理系の学生

＊阿部宗悦氏。宮城県女川町の反原発運動の住民リーダー。東日本大震災で被災。２０１２年7月7日逝去。

として落第生から始まるわけですよ。

そういう状態で科学とは何か、科学の中立性とかね、そういう理屈をいっぱい並べる。科学的社会主義とは何ぞやとか理屈ばっかりやっていたわけ。汗を流して働く、農民や漁民の現実を知らずに理屈だけだから省みて実に恥ずかしい。

地域を分断する原発

槌田　現地の反対運動と付き合う中でどんなことを考えましたか?

小出　例えば和歌山の日高での反対運動の中心になったのが浜さん。＊浜さんは、これが最後という漁協の総会で県の役人の椅子を放り出す。実力で総会をつぶした。普通ならシャンシャンで総会が成立したわけですよ。

推進派も親兄弟が分断される。それで嫌気がさしていた。それでもう原発の建設は止めとなりました。

槌田　法律を支配している人たちがやることは紳士の顔をして実に暴力的です。反対運動も本気であれば、はげしくなるのは当然ですよね。大きな理不尽が襲いかかるんですから、計画をつぶすには暴力的にやるしかないのかもしれませんが、悲しいことですね。

小出　そう思います。非暴力運動ってあるじゃないですか。私もそれがよいと思います。でも、どうにもならない相手には暴力に訴えざるを得ないこともあるじゃないですか。私なんか9・11のとき実は拍手したんです。

槌田　最近では、モノが豊かになっているから本気になる元気さも少なくなりました。

小出　原発をつくるというあんなひどいことはありません。警察は動くわ、大学の先生も太鼓持ちをする。その上、権力をもった役人が先頭になって地域を分断する。電力会社はお金をもってやってくる。

槌田　過疎の農漁村が原発立地と狙われると本当に大変ですね。伊方でも自殺者まで出ていますね。暴力以上の理不尽ですからね。

小出　そうなると暴力を振るってでも止める以外に道がないときもあります。

槌田　福島の事故が起こって、原発をはねかえした日高の人たちは、本当によかったって、浜さんに感謝してるでしょうね。

＊浜清一・一巳氏親子。和歌山県日高原発立地阻止を担った漁師。

巨大科学技術は〝想定外〟の隙間だらけ
——伊方原発裁判という経験

槌田　短い期間のあいだに学園紛争の影響と女川の原発という現実に出会って、小出さんは大きく脱皮した。そして、京大に来られて伊方の裁判。伊方の裁判で、僕との関わりでいうと、当時、私は原子炉の「げ」の字も知らんぐらい。ほんと、そうなんですよ。沸騰水型、加圧水型、そういう言葉は知っていたと思います。それがどういうことなんかということが本当にわかっていたか、という程度なんですよ。

　ですので、荻野さんや久米さんが、なんで僕のところに言ってきたかっていうのは全くわからない話でした。ただ、僕が科学文明社会に疑問を持ち始めているということについては、もちろん知っておられたんでしょうね。

　来られたときに、ぼくは知識もなく、責任をもてんから、と辞退することになりますよね。にもかかわらず、裁判を始めた住民には、いわゆる専門家といわれる人を応援団にもつことのできない現実がありました。

小出　原子力を専門にする人で、反原発に協力する人がいるはずがないです。

槌田　いるはずがないね。いるはずがないという事実は、知らないわけではなかった。研究費を出してくれるスポンサーにさからう人はいない。御用学者ばかりになっていたんですね。

「協力する人がいないから協力しろ。専門でなくても、化学と金属のことをやっているのだろう」という説得ですね。

　ノーと言ってしまえば、こんなふうにならなかった。結局、いろんなことを皆さんに一から教えてもら

槌田劭 氏

使い捨て時代を考える会相談役。1935年、京都市生まれ。京都大学理学部卒業。科学技術に疑問をもち京都大学を辞職。1973年、使い捨て時代を考える会設立、理事長として運動を牽引。

いながら、反対の論理、理屈を僕なりに立てて、裁判にお手伝いさせてもらうことになったんです。

伊方の裁判は勉強になりました。何よりもおもしろかった。

小出　私がおもしろかったのは、1979年にスリーマイル島の事故が起きて、何が起きているかということを、伊方の弁護団が検討会をしましたね。

槌田　事故発生の直後に技術的検討をやりました。

小出　みんなで、ああだこうだと言いながら。最後に、槌田さんが炉心の絵を描いたんです。絵を描いて、ここの真ん中の部分がメルトしているんだ、と。

槌田　もう溶けているのは確実だ。炉心の構造と制御棒の性質を考えると論理的に当然のことだ、と言いましたね。

小出　そういう絵を槌田さんが描いて、マスコミに向けて発表したんですね。国のほうは、そんなことはない、溶けてないと、ずうっと言い張っていました。

槌田　私たちの記者発表は無視されました。朝日新聞も地方面の一部に載りましたが、途中で消えました。その筋からの圧力があったのでしょう。

小出　事実はスリーマイル島の事故が起きて6年たってふたを開けてみて、少しずつ調べてみたら原子炉はもう半分溶けてしまっていました。それが最終的にわかったのは7年半後です。それを私たちと伊方の弁護団は事故の直後にちゃんと言い当てたわけです。それを主導したのが素人を自認する槌田さんだったというのは、たいへんおもしろい。

隣接領域がわからないから事故の進展もわからない「専門家」たち

槌田　伊方の裁判で、炉心燃料の危険性を論証したのですが、国側の証人は東大の三島良績さん。有名な燃料の専門家、国際的な権威者ですよね。私はずぶずぶの素人。もう勝負は、名前を聞いただけでついているわけですよね。

小出　肩書と名前だけなら、そうです。

槌田　ここが、科学技術というか、とくにこの危険な科学技術、巨大な技術の核心に触れてくる点だと思うんです。

だけど、裁判の結果はおもしろかったですよね。三島さんは弁護士さんの質問に答えられず、恥をかき続けました。他方で、ぼくは鈍感だったからかもしれんけれど、答弁に窮したことはなかったです。

小出　こちら側の、住民側の証人は誰も答弁に窮しないし、国側の証人はみんな突っ伏してしまっていました。

槌田　10組余りのペアの対決だったと思うんだけれども、どのペアでもそうでしたね。

小出　痛快でした。裁判は全体的に圧勝でした。

槌田　伊方の裁判のときにね、炉心燃料のところだけで言うと、ぼくが直接関係したから強く思うんです。一流の炉心の専門家が、なんと何も知らないのかって思いました。

狭い狭い専門の研究分野については、ものすごくよく知っているかもしれないけど、それの意味するところとか、それに関連する隣の領域のことにつなぐと途端に何もわからない。

小出　それは、いわゆる専門バカだから。燃料のことはわかるけれども、他の、全体の炉心の構造に関してはわからない。事故のシナリオに関しても多分わからない。

槌田　燃料を入れる鞘の材料となるジルコニウムは、高温の水蒸気と接すると、何が起こるかということについては、知らないはずはないんですが、考えていない。

僕たちは誘導尋問的に、質問を重ねたのですが、三島教授は最後はもうしどろもどろになりましたね。要するに、安全審査の基準とまるで矛盾することを言わざるを得なくなってしまった。

小出　安全審査の基準では燃料棒の破損はあってならぬことであるのに、40％壊れたって大丈夫だ、というような発言に結局なってしまった。彼は燃料の専門家であっても、40％壊れたときの炉心の状況、そして、事故の進展ということに関しては多分知らないんです。

槌田　高度な科学技術は巨大になりすぎて、科学技術の粋を集めても「想定外」のすき間だらけなのです。専門バカによる穴が科学技術の危険となるのです。伊方裁判ではその危険が炉心燃料だけでなく、全面的に暴露されました。

伊方裁判は、原発問題の基本を限りなく明快に浮き彫りにした

小出　裁判は内容的にいって負けようがありませんでした。

槌田　負けようがなかったです。国策だからという心配だけでした。証人調べが終わって結審したときに、「こんなおもしろい裁判やったことがない」という

のが、弁護士さんの感想でした。ただ弁護士さんは「国策だからどうかなあ」と言ってましたが。
その直後に裁判官が入れ替わったのです。こんな難しい技術問題が絡んでいる裁判を、証人調べもしない裁判官にやらせてよいのだと考える最高裁人事は露骨な政治的介入です。その犯罪はものすごい。司法の放棄、三権分立、民主主義の死です。

小出　そうです。向こうは、それをあえてやったわけですから。ひどい。

槌田　証人調べした裁判官だったらね、内容がわからなくってもあの風景を見ているだけで、どちらが形勢有利かというのは見えたでしょうね。

小出　そうですね。権力者はそこまでやるんだな、と思いました。判決は住民原告側の全面敗訴。実に理不尽…。

槌田　それで、私は科学者を辞める決断をするわけです。論理的な科学論争だけでは出口がない。一般市民の生活レベルの言葉で生きようと思ったのです。科学者としては戦線の離脱で申し訳ない。

小出　わたしから見れば、槌田さんに残ってほしい思いは、もちろんありました。でもそれは、人生なんて一回しか生きられないわけですから。槌田さんは槌田さんなりの強い意志で今日まで生きてこられたわけだし、別に科学者辞めたからって、槌田さんがいなくなるわけではないし…。槌田さんはもっと活躍の場を、ご自分でつくっていったわけだから。

槌田　そんなことで、伊方の裁判への関わりから、原発の恐ろしさというのは、非常に明快に見えた。もっと言うと、伊方の裁判ってね、原子力問題の基本はかなり明快に浮き彫りにしましたね。

小出　もうあれ以上、何をやる必要もないぐらいにやったと思います。

願望で現実を見てはいけない
――原発事故の現状について

槌田　そして3・11の悲劇です。

小出　こんなことが起きるまできてしまったのか。なんとも無念です。

槌田　こういう事故が起こって、本当になんとも言いようがないほどです。反対運動を、長年やってきただけに、一層悔しい。事故を阻止できなかったのは力不足です。福島の方々に申し訳ない。

小出　槌田さんは、ちゃんとご自分のテリトリーで、闘ってきた実績があり、それがまだ壊れずにある。私なんか、とにかく、こんな事故をなんとか防ぎたいと思って、40年間ここに賭けてきた。それが全部パー。なんにもならなかった。本当にもう、なんて言えばいいのか、わからないぐらい無念です。

槌田　僕は3月11日の夕方、暗くなった段階で、頭の中、真っ白でした。というのは、電源が飛んでしまっていると伝わったときから、もう炉心の溶融、メルトダウンが予測される。沸騰水型だから下の燃料棒の出し入れのところが弱いのです。そこを通じてメルトスルーするということは、もう歴然と予測できることですよね。

それで、水素が大量に発生するんだから、その水素は危険な爆発物で、と考えたときに、想像するだけで無茶苦茶怖い。だから眠れなくなっちゃいました。

小出　私は、あの3月11日は、槌田さんも何度も来てくれたと思いますが、原子力安全問題ゼミの百何十回目かを3月18日にやろうとしていました。ちょうどチェルノブイリ事故後25周年なので、海外からお客さんを呼んだんです。そのお客さんが着いたのが3月11日、その日でした。その日は、そのお客さんと酒飲みに行ってました。

地震があった、津波がきた、というのは知っていました。福島の原発がどうなっているかということが心配だったけれども、知らないままでした。女川もそうだし、六ヶ所もそうだけれども、心配をしながら、どうなったか全然わからないまま飲みに行っていた。

京大でも行なわれた〝言論統制〟

小出　12日の朝、起きてみたら、伝わってくる情報を考える限りは、もうこれはどうにも手がつけられない状態だということに気がつきました。その段階から発信を始めるようにしたのです。

発信を始めたとたんに実験所の所長から呼び出されて、「こんなメールを出したのはお前か」と問われました。

「そうです」、「今大変なことになっているから自分の責任で発信しているんだ」

「一人一人の人間が、そんな当てにならないような発信をしてはいけない」と所長は言うわけですよ。

ちょうど、その所長の机の上にはね、「今は事故が収束に向かっている」というアナウンスの紙が置いてあった。

槌田　そんなに早くから「収束」なんて言ってたのですか。没論理的な願望前のめりですね。現実を直視し、堅実な対処が必要なときに…。
小出　だから実験所としては、外部からの問い合わせに実験所として一本化して答えるという態勢をとって、私のような人間の個人的な発信を防ごうとしたんですね。
槌田　京大でも露骨な言論統制が行なわれるのですね。真実を隠蔽することを意図的組織的にやってるというふうに見えますね。
小出　もちろん京都大学も国家の組織の末端にいるわけです。文科省も含めて、事故をなんとか小さく見せたいと思っていたわけだし、彼らが一番嫌なのは、パニックが起きるということなわけです。
なんとか、安全だという情報を流しながら収束させたいという思いがあったんだと思います。この所長は、私はそんなに嫌いじゃないんですけれど、それでも組織のなかのトップなわけですから、個人的な思惑とは離れて、やはり、私のような人間には何かタガをはめなければいけないという気持ちがあったんですね。
その後も何度か所長と話し合いをするようなことになりました。今となってみれば、私の状況判断のほうが実験所の公式な立場よりも、はるかに正しかった。
槌田　事故の中身について、たとえば菅直人総理の官邸が知った上で対策を講じていたようには見えない。事故の責任当事者である東電からの情報しか得られない上に、原発を推進してきた連中に取り込まれていた。その連中は事故の実態を過少に評価する。無恥に加えて無知でもあるんです。
そういう意味でいうと、いま使われている冷温停止なんて言葉は実態無視の大嘘ですね。あたかも原子炉が健全であるかのごとき印象をばらまくために、そういう言葉遣いをしている。原子炉工学の専門家がこんな表現でよく黙っているな。専門家なら恥ずかしくて黙ってられないはずです。御用学者ばかりだからなのでしょうね。
小出　マスコミも含めて原子炉の中身のことを知っている人は、ほとんどいないわけです。一般国民だってほとんど知らないわけです。それをいいことに、国や東京電力はマスコミを使って事故は収束に向かっています、冷温停止に向けて着々といっています、というようなことを四六時中流しているわけですね。
槌田　そうですね。新聞に出てくる情報からしか僕らにはわからないけれども、東電と「原子力ムラ」の強固な結束下にある保安院は官邸にも的確な情報を出していなかったに違いない。

それで官邸がうろうろするたびにそれを叩かれる。叩くのは「原子力ムラ」の連中です。過小評価と隠蔽の陰謀に即してやられているような感じです。

結局、菅さんの追い出しに成功しましたね。脱原発をほのめかし、浜岡原発を停止させた菅さんですが、こんな追い出され方をした先に、一体、日本の原子力をめぐる政治って、どういうふうに進むのか、不安ですよね。

炉の中がどうなっているかはわからない

小出　最近は新しい情報はほとんど出てきていません。

槌田　収束という言葉さえ平気で使う。恥を知らないのかと言いたくなります。

小出　原子力の専門家は恥を知らないから「専門家」をやってこれたのです。

車の廃車ならタイムラグがないじゃないですか。ところが、原発は廃炉になっても手をつけることができない。後始末するまで何十年もかかるわけです。つまり炉の中はどうなっているのか。答えは「わからない」です。

槌田　炉心の状況はわからないので伝わってこないだけでなく、いい加減な報道で隠されている。

小出　事故の進行は当たり前のごとく早く進行した。それなのに、日本の政府、電力会社、原子力産業はそれを隠そうとして、「まだ水はある」と主張しています。

彼らは「まだ炉心は崩れていない」「メルトダウンしていない」と言いたかったし、言ったわけです。BWR（沸騰水型原子炉）ならメルトダウンしたらメルトスルーをするのは、当たり前でしょう。制御棒は万が一の場合は、重力で落下するのがいいわけです。BWRの場合、構造上、下から入れるしかない。それは炉心がメルトダウンしなければ何とかいけるだろうと思っていた。

槌田　願望に合わせて現実を見る愚かさは、現実社会には一杯あります。この危険な技術に合わせて願望で現実を見る危険性があった。

小出　願望で安全なんか守れないことを知らなければいけないはず。つねに願望のもとに原子力発電をやってきてしまった。

そして情報隠しを続けています。その理由は二つ。

一つは、政府と東電はその責任をできるだけ小さくしたい。なるべく悲惨なことは言わないで、安全だという願望で彼らは情報を統制した。それは未だに続いています。

そしてもう一つ。これはもっと本質的なんだと思いますが、彼ら自身が情報を得られない。原子炉がどうなっているか彼らも知らない。彼らも知ることができない。

わかっていることで隠していることはたくさんあります。かつ、彼らもわかっていないこともたくさんある。今、炉心が溶け落ちてどこにあるかすらわからない。大きな危険ゆえに近づけない現実によります。それが原子力というものなんです。

槌田　原子炉は放射能を五重の壁に閉じ込め、隔離しているから安全なのだと能天気な安全神話をばらまいてきたのだが、いまや完全に放射性毒物が露出してしまった。

小出　その放射能の量は亥ベクレルの単位です。10の20乗。億×億のさらに万倍です。

槌田　危険すぎて、手をつけるどころか、崩れ落ちた燃料をかかえた廃炉を片付けることなどとてもとても…。事故炉の後始末の見通しの立てようもないのでしょうね。事故なく寿命のきた原子炉の廃炉の後片付けでも大変なのですからね。

原発は廃炉にできるのか

小出　事故なく廃炉になったときの後片付けのばあいには、その放射能の本体はどこかに除けます。ただし原子力発電所自体が、放射能で汚れたものになっているので、それをどうやったらつぶすことができるか。それがこれまでの廃炉技術の考え方。手をつけることができないから、それはそのまま封鎖してしまうという考え方もあった。

そういっても日本のように国土の狭い国では原子力発電所をそのまま墓場にしていくのではもったいないので切り刻んでどこかにまとめて集積して、土地は再利用するという考え方も一方にありました。でも切り刻もうといってもそれは大変なわけです。

東海の一号炉は、１９９８年にとりあえず廃炉となりました。廃炉になっただけでどうしたらいいのかわからないのでまわりを取り壊している。放射能汚染の少ないところから解体していますが原子炉そのものはいまだに手がつけられない。

槌田　結果、放射能に対する鈍感さだけが残ると思います。これまで頭を悩ましていた原子炉内部の汚染が莫大、建屋の汚れとかはもうどうでもいい問題になってしまいそうで、要注意です。

僕らは廃炉という言葉にだまされてしまっては危ない。廃炉というのはもっと秩序だった耐用後の原子炉を片付ける技術上の話です。ところが今やそんな常識がすっとんでしまった目茶苦茶崩壊の原子炉です。後片づけもできない。

手を入れるためには、「この程度でいいや」と決めて、人の迷惑を顧みず処理するのだろうか。放射線被曝の危険に下請け孫請けの労働者の人権を無視するのだろうか。

小出　日本政府は壊れた原子炉から核燃料を取り出してそれを何らかの処理をしようと言っています。しかしそれは不可能です。

槌田　チェルノブイリだって未だに手がつけられない。これ以上、放射能が飛び散るのを防ぐために、第二の石棺で覆っているわけです。30年たってもこういう状態なんです。

さらに鉄棺で覆うとか。それでも放射能は漏れてくるわけです。そんな愚かなこと、いや取り返しのつかない犯罪的なことをやってしまった。

小出　彼らにとっては想定外。想像すらしていなかったことが進行しています。対処の仕方も考えていなかったことが進行しています。

槌田　彼らも対処の仕方がわからないならちゃんと小出さんに聞きに来ればいい。

小出　私だって知らないから教えられません。

槌田　誰もわからないほどに事態は深刻なのだが、その事の深刻さを認めようとはしないのですね。それを認めたら今の原発を全部止めなくてはいけないですね。ドイツは動いている原発をとめました。

小出　福島の原発事故が起きた後、それでも日本の原発が動いていることが信じられませんでした。

原発の存在が犯罪です

差別——ガレキの問題から見えるもの

槌田　廃炉の話は遠い将来のことですが直面しているのは、震災後発生したガレキの始末ですが、大量のガレキが放射能で汚染されてしまった。

小出　被災地の施設で処理できない以上、全国で引き受けるしかありません。私はとにかく子どもを守りたい。被災地にも子どもは生活しています。だからトータルに子どもを守ることを考えなくてはいけないのです。政府が中心になって処理施設に安全対策を施す必要があります。

槌田　しかし被災地から遠く離れた都市住民がガレキの受け入れに反対しています。東北から放射性物質を持ち出してはいけないと言われています。

小出　放射能汚染から逃れたい気持ちは理解できます。でもそこで意識が止まってはいけません。

まず原発さえなければこの事故はなかったのです。そして原発は田舎に建設されています。つまりそこには差別があるのです。過疎地の福島の原発の電気は巨大都市東京の繁栄を支えたのです。その社会を受け入れてきた責任が、私を始めとする大人にはあります。

槌田　自分たち自身の責任の自覚は僕も大切だと思います。いまの便利な暮らしに捨てがたい思いを抱えながら、嫌なものは東北に…というのでは少々自己中ですね。それでは脱原発も無理となります。きびしい現実を直視し、受け止めるべきでしょう。

しかし、こういう主張は反原発、脱原発の立場の方たちからも批判されますね。

小出　ガレキ問題だけではありません。チェルノブイリ事故のときも私は汚染食料の輸入規制はするべきではないと主張しました。それはさっきも言いましたように、原子力開発を進めてきた日本が汚染した食料を食べないとしたら、それらは飢餓に苦しむ国々に回されます。私の主張は、当時も今もさんざん怒られています。

今、私たちが問われているのは、小さな個人のことではないと思うのです。福島第一原発事故は起こってしまったのです。私たちがどうこの問題と向き合ったのか。そんなことを考えてみる必要があると思います。

槌田　ものごとはなるべく広い視野で受け止めたいですね。放射能をガレキにつけて全国にばらまいてはいけない。正論です。私たちは事故前にもそのような主張をしてきました。

しかし過酷事故は起こってしまいました。今や、食品やガレキの放射能とは比べられないほど、大量の放射能がばらまかれてしまったのです。

小出　東電の公表でも、セシウムは1・5京ベクレルが大気へ放出されました。1年後にも1日に何憶ベクレルもの放出が続いています。崩れた炉心を冷やす水がどれほど地下水を汚染し、海に流れ込むことか。

槌田　瑣末なことにこだわらず、東北の人たちの苦悩に心を寄せたいと思います。そしてその怒りを東電と原子力を推進してきた犯罪に向け、反原発と脱原発のエネルギーに変えたいですね。

朝日新聞の〝良識〟

小出　考えられないほどひどい放射能汚染が現実です。福島どころか東北地方、世界中に拡がっているのです。世界がひっくり返ってしまいました。

槌田　放射能汚染に感覚麻痺を起こさずに反原発、脱原発の流れをどうしたら維持できるのかと、僕は考えます。

2年、3年と反原発の運動を持続できる、脱原発の考え方を広げるために、他人事の正義ではない、自分のことにするしかないのです。恐怖だけだったら麻痺するのです。同じ痛みを続けてやっていると痛みは感じなくなるのです。まして、放射能は直接感じない。怯えだけでは続きません。

マスコミ報道もそのうちに少なくなり、変質するでしょう。

小出　最近、朝日新聞が取材に来たのです。朝日は戦後の原子力開発が始まって以降に、どういう論陣を張ってきたかということを自分たちで検証する連載をずっとやっています。その基調は、原子力の旗を自分たちも振ったということが結構書いてあるのです。

槌田　大熊由紀子記者など思い出しますね。朝日だけでないが、マスコミの視線は冷たかったですね。

小出　私のところに取材に来た人も、原子力の旗を振ってしまってやっぱりまずかったと言って、3月11日が起きて、実は社内で方針を転換したのだ、原発ゼロ社会を目指すというふうに変わったと言うのです。

私は朝日が変わったとは全然思わないと言いました。朝日はもちろん昔から自分たちは社会の良識であるような顔をして原子力の旗をずっと振ってきたし、今でもそうだと言いました。さらに、連載をしながらでも、3月11日以降の報道を見ても、マスコミの中でも朝日新聞は悪いほうだと自分は思うと言ったのです。ゼロを目指すと言っても、わたしは即刻ゼロ、全部止めろと言っているのに、朝日はそうではない。20年、30年たって、未来にとにかくゼロにするように社会を変えていこうということを朝日は言っている。それこそ一番悪い〝良識的〟というやつです。

槌田　世の中がひどいときにその世の中で、良識といわれるものの限界ですか。現在のエネルギー消費を当然とする前提で20年、30年かけて脱原発にというのでしょう。現状に媚びる常識ですね。

小出　常識的であるというポーズを取りながらきた朝日の一番悪いところです。私は生まれてから朝日新聞しか読んでこなかったけれども、もう朝日はやめようと思っていると言ったのです。でもその記者はわかってくれなかったみたいです。

今私たちは何をしようとしているかというと、今止まっているものは二度と稼働させない、これから止めたものも二度と動かさせないために可能な限りの精力を注いでいるんです。

槌田　今動かしているものも今すぐ止めたいものです。しかし悪しき「良識」はそれを「非常識」という。

小出　二度と原発を稼働させないために私たちはやろうとしているのに、朝日は20年、30年後にゼロにしたいと言う。要するに来年また運転を再開させて20年、30年はとにかくやるということでしょう。

脱原発の主張の中にある不徹底

槌田　20年の間には原発危険という感覚が麻痺して、結局は電気がなかったら仕事がない、エネルギーがなかったら今の生活が維持できないという理屈に流されてしまう危険がある。脱原発と言っている人が、将来も脱原発を貫けるか、自分たちの生き方、社会のあり方につないで論理的整理ができるかどうかにかかっているのです。

小出　朝日はそうしないで、原子力は必要だから今止まっているものも再稼動を認めると言っているわけです。

槌田　それは朝日だけではなくて、残念ながら日本の良識の限界ですね。世論の動向がカギになります。

小出　日本のいわゆる良識がとんでもないのです。朝日はその良識を自分たちが体現していると言って、旗を振っているわけです。でも私は原子力に関しては中立なんていうことはありえなくて、止めるか進めるかどっちかしかない。私は少なくとも即刻止めろと言っています。

槌田　そこのところで原子力発電の道徳的、倫理的と言ったらいいか、未来世代への負の遺産、放射性毒物への配慮が大切です。この極悪の犯罪という認識をちょっとでも感じるかどうかなのです。

だけれどもそう思わずに、エネルギー選択、ベストミックスから原子力をはずすのか、どの程度入れておくのかと考えがちなのです。倫理的、道徳的には問題を問うてないことが問題なのです。

今、脱原発の主張の中の不徹底に注意すべきなのです。要するにやっぱり電気が不足になったら困るわねと思っている部分があるからです。だから停電、節電で脅せば人は屈すると東電や関電に思われている。見透かされるわけです。

小出　彼らはちゃんと知っているからそこをついて崩そうとしているわけです。

槌田　代替エネルギー、自然エネルギーの開発ができようができまいが、脱原発の社会を実現することが求められているのですね。

放射能が怖いという反原発が弱者にしわ寄せしていないか

障害を受け入れられる社会をつくる
――被曝という現実から

小出　放射線は少量でも生命体に必ず影響を与えます。だから障害をもった子どもが必ず生まれてくることを前提に差別の問題を考える必要があると思います。

槌田　生きていく上で差別されない人権があると思います。

小出　僕は人権という言葉は嫌いです。人間の権利なんてない。生きものとしてどう生きるか死ぬかだけです。

槌田　欧米的な権利という概念は別として、いのちあるものは全て幸せに生きたいと願います。

小出　そうありたいと思う。

槌田　生命は幸せに生きるようにできているのです。

小出　はい。

槌田　でも幸せに生きられない社会的理不尽がある。

確かに自由に体を動かせないのは不便なことでしょう。自由に動かない分、まわりとの関係がどうなるかによっては、とてつもなく不幸になる。差別がなく、支え支えられて生きられる社会なら、障害が縁となって互助の輪が広がり、人びとは幸せになる。今の社会は自殺者3万人時代。いじめや孤立死にも悩んでいます。脱原発社会への課題は互助・共生の社会をどうつくるかであると考えるんです。

小出　私は3人の子どもをもちましたが、2番目の子どもは障害をもって生まれてきました。半年で死んでしまいました。障害をもって生まれてくるというのは生きものの必然じゃないですか。重い障害もあるし、軽い障害もある。

でも実は障害なんてないと思う。私だって赤緑色弱で手に汗をかきやすい多汗症という障害をもっています。社会的にレッテルを張っているだけであって、生きるものとしてそんなもの当たり前です。

放射能を浴びると障害児を産むことはもちろんあります。でも障害が怖いというふうに言うのは間違っていると私は思っていて、障害はもともと受け入れなくてはいけないものです。

でも障害を付け加える必要ももちろんないし、障害を付け加えながらどんどん自分たちの好き放題をするそのシステムを問題にしなくてはいけないと思います。

障害そのものに問題があるわけではない。その線引きができないで障害は怖いといって障害を負った人たちを周縁に追いやっていく考え方が間違いです。

槌田　そのとおりだと思います。だから放射能を含んだ食べものを食べたらという考えには、本当はそこまで掘り下げていかないといけないと思います。

放射能の危険に人は怯えます。それが現実です。誰もわが子が不自由な体で、生まれてくることを望まない。

小出　もちろん望みません。

槌田　誰も死ぬ病気のガンにはなりたくない。しかしその状況を受け入れるしかないですね。

小出　どう受け入れられるかは、受け入れられる社会をつくろうよということです。

槌田　放射能をばらまくようなシステムはやめなくてはいけない。

小出　まずは止めなくてはいけない。

槌田　放射能でガンが増えることを減らさなくてはいけない。

小出　そのとおりです。

槌田　放射能でガンになることは喜ぶことではない。だからといって、これは嫌、あれも嫌と、自分と自分の家族の健康だけを考えることでいいのか。それは自分の問題です。

小出　そうです。

槌田　それが60禁*の考えとつながっているのでしょうか。

*放射能の影響は年齢によって違ってくる。胎児・乳幼児は細胞分裂が旺盛なため、その影響を受けやすい。50歳、60歳以上なら低線量の被曝をしてもガンが発症するまでには20年、30年とかかる。また他の化学物質などの影響も考えるといたずらに怯えて食品を拒否することが妥当なのか。それなら食

品に50歳、60歳未満は禁じたほうがいいが、それ以上なら食べてもいいですよと表示したらどうか、と小出さんは主張している。小出さんの意見は私たち社会の責任を見つめた上でのものである［槌田注］。

小出　60歳を過ぎたら放射能の影響は大幅に小さくなっています。私は子どもと妊婦を守らなくてはいけないというのが唯一の目標であって、60歳以上の高齢者はこうなっては諦めるしかないのです。

槌田　その場合、諦める気持ちの中に社会性があるかどうかの問題ですね。罪のない子どもたちを守りつつ、福島の農業を支えるとすれば高齢者が食べるしかないですね。平均余命も短いのですから。

小出　そう言ってくれる方は少ない。

槌田　反原発に本気になったらそう言えると思うのです。本気で反原発でない人が放射能に怯えがちなのでしょう。福島の人たちの苦悩に心を寄せず、単に怯えるだけの運動だと長続きしない。それどころか、差別にもつながる。

小出　そうです。

似て非なる「原発への反省」と「国民総懺悔」

槌田　小出さんも僕も反原発を長年それなりに真剣に取り組んできましたが、推進派に無視され、そして今回の大事故を阻止できなかった。力不足を恥じます。この文明社会を享受しつつ、生きてきたことを共に反省しなければなりません。

それが今、問題になっていて、放射性物質で汚れていても食べようよ、と。そこまでわかってもらうにはどうするか。50禁、60禁に眉をひそめる人たち。反対をする人たちをどう説得していくかが課題ですね。

この意見に対しては、戦後の国民総懺悔と同じだと批判的に言われることがあります。小出さんもそんな批判を受けたことないですか?

小出　年がら年じゅう受けています。

槌田　国民総懺悔論にはきっちり切り返さないといけない。

小出　私はつい最近、ある人から聞いたのですが、国民総懺悔というのは、戦争に負けたときに、天皇に対して申し訳ないと国民が懺悔したのが総懺悔だ、と。でも、それは全然違うんです。天皇こそ最大に懺悔しなくてはいけない。そして天皇を処刑できなかったことを国民が総懺悔しなくてはいけないと私は言っているんです。

槌田　犯罪的な戦争に協力させられた自分たちも真

剣に懺悔することが必要なのですね。戦争を主導した犯罪者を追及するためにも反省が必要でした。その反省を欠いたから、戦争犯罪人たちに敗戦後の日本をまかすことになってしまった。今度の原発事故後の様子と重ねると現状の問題が見えてきます。

小出　そうです。

槌田　東電や「原子力ムラ」の連中の責任を問い、彼らに原発の将来をまかしてはならない。責任をとらせるべきです。そのような反省をした上で、多重構造的に問題の視野を拡げたい。福島の子どもたちや農民の現実を見て、自分は食べるべきだと思うのです。ということは、あなたも食べませんかと呼びかけることにつながるんです。

小出　そうです。

槌田　放射能の恐ろしさを言うだけだと、自分の責任を問うていないのです。逃げられると思っている。しかし僕らは逃げられない現実をつくってしまった。

今、福島の農業者は仕事ができないんですよ。今年の作付をしても出荷できるのか。食の安全を求める消費者に横を向かれると悲しいでしょうね。

小出　福島は有機農業をやってきた農家がたくさんあったわけです。あっというまに駄目にされた。そんなんじゃない。ちゃんと支えなくてはいけない。有機農業運動はどんなことが起こっても支えあう未来をつくろうという提案だったはずなのに。

槌田　いのちの農業を守る運動の質が問われているのでしょうね。

切り離せない「脱原発」と「反原発」

槌田　今われわれが問われているのは、二つ課題があると思います。

脱原発を徹底して、これ以上の被害を起こさない、悲劇を起こさない。これが第一。それと同時に、どのような文明社会を受け入れ、どのように生きるのか、これが第二の課題です。

小出　槌田さんは脱原発から未来の社会をどうやってつくるかということへ向かう。槌田さんにとっての一番に重要な問題だったから、京大を辞められてそちらに行かれたわけです。

私はとにかく原子力に抵抗したいと思ったから、現場に残りました。そして今でもいます。

今、槌田さんは脱原発という言葉を使われたけれども、私は脱原発ではないんです。反原発なんです、私は。国家が仕掛けてくる圧倒的な原子力開発というものになんとか抵抗したい。動機は、とにかくそこなんですよね。

槌田　反原発と脱原発ね、一字の違いですが、差はあるのか、ないのか。

小出　違いは、もちろんたくさんあります。

槌田　どこにあると思いますか？

小出　私はこれまで何をやってきたか。国が進めてくる原子炉開発に狙われた立地の住民たち、伊方の住民たちもそうですが、何とか抵抗しようとしている人たちを、ブルドーザーで蹴散らすごとく潰しながら推進しようとする理不尽が許せなかった。それを何とかやめさせたい。私の力をそのために使おうと思った。向こうからくるものを、とにかく阻止したい、抵抗したいというのだけが、私の動機なんです。

だから私は、ただ反対しているんです。反対した結果、どんな社会ができるとか、そんなことは、私は関心がない。

槌田　僕の場合でいうとね、伊方の裁判やっているときは、技術的危険故にもちろん反原発。そして、今も反原発なんですよ。金権利権の社会的理不尽、現生世代、未来世代へのつけ回しの理不尽に注目するからです。

だけど、原発のない、次の社会のイメージ、生き方を準備しなければならないという意味で脱原発。この二つは私にとっては切り離せないのです。ただ、それぞれアクセントの置き所が少し違うということです。

小出　槌田さんが、その脱原発をやってくださることに私は何の文句もないし、脱原発の旗を振ってくださっている人たちをありがたいとは思うけれども、しかし私は脱原発ではないんです。

私がやってきたのは、単に抵抗しただけなんです。今でもそれをしたいと思っている。

ですから、これから先の未来の社会を、どんな未来にするかというようなことは、みなさん、考えてください。私はそこまでやる力もない。今、私の力は全ての原発の稼働を停止し、廃炉にすることに使いたい。そう思っています。

槌田　なるほど。しかし、あのおぞましい重大事故が起こっちゃったわけですね。悲しいし辛いし、なんとも言いようがないですね、福島の人のことを考えても。そういうことが起こっちゃった後の現実と、起こるまでの状況とではイメージすることがだいぶ違う。現実が違いますね。

小出　違いますね。

槌田　それはどんなところが違いますか。
小出　とにかく、私は打ちのめされたわけです。
槌田　僕も打ちのめされました。しかし打ちのめされちゃ、いかんのですよね。立ち直らな、立ち上がらないかん。
小出　そうですね。さっきも聞いていただいたけれども、40年間、一体、自分が生きてきた人生って何だったんだろう、と。すべてが要するに消されてしまって、この今の状況にいるわけですから、本当にむなしいし無念ですけれども、でも、そこで立ち止まってはいけないと思うわけです。
槌田　そうするとね、ここで、放射能汚染した現実のなかで被曝する現実というものがある。それをどう受け止めるかという問題とつながって、反原発もあるし、脱原発もあるはずですね。そこのところ、小出さんは明快な意見をお持ちのように思うけれども。
小出　もちろんです。私は打ちのめされましたが、私を打ちのめした現実が今、目の前にある。それから逃げるわけにはいきません。

一次産業を大切にした世界に戻る

槌田　現実は厳然たる現実ですね。
小出　その現実を前にして、私は何ができるかということをまた、突きつけられているわけです。そこで、私が今やりたいと思っていることは二つです。まずこんな事故を許してしまった大人の責任というものがある。これをしっかり見つめること。
槌田　自覚的責任ですね。
小出　はい、自覚的に見なければいけない、ということが一つ。

それが、槌田さんとも、ずっと話をさせていただいたけれども、食べものにどうやって向き合うか、汚染した食べものにどうやって向き合うかということです。

もう一つは、原子力をすすめてきたこの社会は、これまで槌田さんが主張されているように、大量生産・大量消費のエネルギーをとにかく使って、科学技術がなんとかしてくれる。そういう期待のもとにすすめてきた社会なんですよね。

でも、そんなもの、どうせ破綻するというのはわかっているわけですから、本当はもっと自然に根ざした、一次産業を大切にした世界に戻らなければいけない。そのために、今、この現実のなかで何をしなければいけないかと言えば、わたしは福島県の一次産業を崩壊から守ることだと思っている。

槌田　あまりに、僕と同じ意見になりすぎてて、対談になりませんね。

小出　ホント、対談してもおもしろくないですよ（笑）。要するに福島県の一次産業を守るということは、汚染食料をどこかで受け入れるということと同義でなければいけないのです。そのとき誰がどうやって受け入れるか、それを問われている。

槌田　今の問題はね、小出さんの先ほどからの話の線上で言うと、反原発だけでなく、脱原発の方向へも関心が動きつつあると聞こえるんです（笑）。

小出　否応なくですよ。だから、困ってしまっているわけです。

槌田　今や、反原発と脱原発は切り離せない問題になりましたよね。しかし、脱原発の前に、今、動いている原発を止めないと大変なんです。まず反原発です。

今、この瞬間にだって破綻が起こらんとは限らない。破綻が起こったときにどうなる。もし福井で事故が冬に起こったら、放射能を巻き込んだ雪が北西の風にのって琵琶湖の上空から関が原、名古屋までいく。そうすると、日本列島はそこで真っ二つに切られるし、1500万人の飲料水は放射能まみれになる。

こういうことを想像するだけでもね、関電の原発を止めないかん。関電だけやない、日本全国の50基の原発を今すぐ、止めないかん。

小出　今私は、すべての原子炉を止めるために、私の力を使おうと思っています。

でも、それだけではやはり足りないので、仕方なく食べものとか、一次産業についての発言もしている。そういう状態です。

槌田　そのことと関連しますが、チェルノブイリ事故のときも、農産品の輸入についての小出さんの発言には共感しました。

小出　ありがとうございます。今申し上げたことは、あのころからずっと思っていたことです。

槌田　チェルノブイリのときに発言されたことで僕が感動したのは、「汚染してるのは嫌だと日本人が言って、あのスパゲッティーをイタリアに送り返したら、そのスパゲッティーは誰が食べるのか」でした。

小出　最も貧しく、最も生きることの困難な場に、安い値段で売られていく。アフリカの人たちが食べるのではないか。つまり、弱者にしわ寄せされていく現実が待っている。

槌田　イタリアのスパゲッティーを食べないという運動によって、反原発の空気を広げることには反対だということですね。

小出　そうです。「間違いだ」と私は言ったのです。皆さんからさんざん怒られましたが…。

槌田　僕はあのとき、非常に共感して覚えているんです。放射能が怖いというだけの反原発は、弱者にしわ寄せする利己主義にすぎない。そういうことへの反省が乏しくなりがちだと感じていたからです。

食べる――責任を自覚する

小出　放射能なんて私だって食べたくないし、誰にだって食べさせたくない。食べるべきなんて本当は言っちゃいけないんだけれども、でも、私は、年寄りは食べましょうと言っているわけです。そんなこと言っていいのか、と皆さんから怒られています。

槌田　そんな議論の仕方は、けしからん、というのはありませんか？

小出　ありますよ。「えっ、そんな議論の仕方ってあるの？」。そんな反応です。

槌田　年寄りは食べましょうって、僕も言うのですが、それは、各自が自分で決めることであって、僕は食べます。そして、食べませんか？　なんですよね。それに対して小出さんは、食べるべきだ、と響くような言い方をなさっている。だから厳しい反論が返ってくると思うんですが、これ、どう感じられます？

小出　今、槌田さんがおっしゃったことは、当たっているかもしれないと思います。ですから私は、もちろん、自分で食べると言ってますし、年寄りは食べるべきだ、とも言っています。

槌田　責任があるぞ、と。

小出　そうです。要するに、ここまで原子力を許してきた日本人の大人として、自分の責任はあるはずだ。

槌田　まず、その自覚がいるよ、と挑発的に問題を投げかけるのですね。要するに、他人事として、あいつが悪い、こいつの問題だと、他人事として、他者を裁くだけでいいのか。

この文明社会、この暮らしを善しとしてきたのはどこのどなたかっていうとき、自分もそのなかに入っているよ、っていう自覚ですよね。

小出　そうです。少なくとも無罪である大人はいないわけです。その自覚をもてないと言うならば、もう話にならないし、自覚をもてるなら覚悟も伴わなければいけない、これからの社会を生きるための。その結論が、私としては「食べるべき」というところに、必ずいくのです。

でも、私のような言い方をすると、戦争のときの一億総懺悔と同じようなことになって、みんなが責任あるんだから、とにかく、みんな丸坊主になって責任とれってことになってしまって、本当の責任者を免罪することになるという、そういう批判もあるんですよね。

槌田　今、自分の問題として引き受けるということなしに、原発の問題を止めることができるのか。あるいは、原発なきあと、われわれはどういう社会をつくって幸せに生きるのか、そういう自覚なしには出てこないのではないか。東電なり、「原子力ムラ」はもちろんけしからん。だけど、けしからんけど、それだけですむのか、と受け止める。自覚の問題が問われている。それが未来をつなぐか、つながないかを分ける大きな点だということでしょう。

小出　そうです。

放射能を福島にとどめろ!?

槌田　3・11以降、使い捨て時代を考える会で脱原発の講演会を毎月一回やってきたのですが、そこで僕は福島の有機農家の野菜を会場の入り口のところで即売したんです。そしたらね、それについての疑問って出てくるわけですよ。

冷静に疑問が出るのだけではなくて、放射能を福島から持ち出すのはけしからん。放射能は福島にとどめるべきだ、と、こういうわけです。それについては、原理的なことだけを言えば、僕もそのとおりだと思うんです。福島からの農産物だから放射能を含んでいる。量はどうかは別として。そして、それを食べたらお前のウンチからも放射能を下水へばらまくことになるぞ、けしからん。こう言って怒鳴られたんですよ。この議論、どう思います?

小出　だって、当たり前というか、そんなもの避けられないですよ。放射能ゼロなんて無理。そんな現実になってしまった。

槌田　その怒鳴っている人は、ばらまくことは一切けしからん、と、こういう議論ですね。僕も、ばらまかないでいけるならそのほうがいいし、ばらまくべきではない。これははっきりしている。

問題は現実を直視することです。例えば、福島の原発から現実に、今でも、東電が言うのに、一日に数億ベクレルは出ているわけです。東電の言う情報は信用なりませんから、一桁二桁違うかもしれません。たいへんな量の放射能が今も事故炉から漏れ出ている。お尻から排泄する放射能の問題っていうのは、事の軽重を考えると滑稽ですね。
小出　もちろん、そうです。もうすでにばらまかれちゃっているわけですし。
槌田　ばらまかれているし、今現にばらまかれている事実について、まず抗議すべきなのです。
公害問題にかかわるときに、被害の現場、被害者の立場、事情に身を寄せて考える。それを考えるためには加害責任をきっちり見ること、この両方を見て、はじめて正確な判断ができる。
被害の問題でいうと、たとえば、水俣病でいえば、被害の程度のひどい人と少ない人のあいだの差別の問題が起こってくるわけです。
危険毒物をばらまいた加害責任をきびしく問うとき、はじめて被害者同士として共通の立場で、理解し合うことができるのです。
被害の程度で差別にしないということが大事です。同じことが福島で起こっているわけです。
小出　そうですね。
槌田　要するに、福島の人たちは、大量の放射能で汚染した現実を逃げようがなく受けている。そして、その逃げようがなくなっている現実のなかで、遠くの人はそれよりは程度の少ない放射能の問題で頭を痛めている。
その程度の少ない人が、程度の多い人を疎外する方向で考えることは悲劇的です。放射能をばらまくことについては、東電なり政府の責任を問うことが第一なのです。
小出　たぶん、そうやって槌田さんに疑問を問いかけた人というのは、汚染を福島から出してはいけないとだけを言うわけです。そういう人は、汚染した食べものは東電に買い取らせろというんです。そういう主張だと思いますよ。
槌田　その人、そこまで言わなかったね。
小出　あ、そうですか。
槌田　東電の責任を問うているのならともかく、１ベクレルたりともね、ばらまいてはいけない、出してはいけない、と言うだけなら現実的ではないですね。
小出　それはできません。
槌田　もう今だって大量にばらまかれているわけだし、事故炉には大量な放射能が露出している。嫌とか何とか言ったって、エントロピー増大の法則を持ち出すまでもなく、ばらまかれるようになっとるんですよ。
小出　そうです。私はもともと今、汚染といっているもの、食べものの汚染もそうですけれど、その正体は、福島第一原子力発電所の原子炉のなかにあった物質です。れっきとした東京電力の所有物だ。それがばらまかれているんだから、それは東京電力にお返しするのが原則だと主張しています。できるかぎり、そうすべきだと思います。

でも食べものは、じゃあ、そのまま東京電力に返すのかというと、東電は返されたらそれを捨てるしかない。でも、捨てることがわかっている食べものを農民はつくることはできないと私は思う。

槌田　そこで人間の問題ですね。農業、とくに有機農業をやっている人は、土に愛着をもちながら、長年、それを努力してきたわけですよね。

放射能の汚染の問題も大事とはいえ、その人の人間の気持ちに寄り添えるかどうかという問題を軽視してはならんところがある。

小出　そうです。だから、食べものに関しては、そのまま東京電力にお返しするというような手段がとれないのです。

ですから、食べものは、もし、それをつくってくれる農民がいるのであれば、それを受け入れて、その農民たちを支えるということしか、ありえないのです。今僕が言ったことは食べるということなわけだし、子どもに食べさしてはいけないというなら、大人が食べるということなんです。

測定より大事なこと

槌田　測定のことについていうと、私たちの使い捨て時代を考える会では測定はしない。

小出　会としてですね。

槌田　それは何故かというと、汚染のレベルによって取り扱いを判断するのではなく、人間的関係を大切にしたいからです。

小出　もちろんです。

槌田　それは放射能ではなく農薬の問題でも同じです。農薬を分析によって安全であるとか、安全でないという議論には僕らは立たない。要するに農薬を使わざるを得なくなったこの社会を変えない限り、農民と消費者が安全によって分断されてしまうということです。

だから農薬についての分析も僕らはしないし、無農薬を確認するために農民の農場に検査に入るＪＡＳ有機も取らない。要するに農民が自分で育てて食べているものを出荷している限り、一緒に食べましょうと、こういう立場です。

小出　使い捨て時代を考える会と農業者との間の信頼関係を大事にするということですね。

槌田　そのとおりです。社会的な問題として、自分たち同士の関係が大事なのです。消費者のほうがこれ以上だったら嫌だからとか、これ以上だったらどうだとかいうふうな形で対応したら、被害を受けた生産者との間に差別が生じる。

小出　もちろんそうだと思います。汚染していたら嫌だというのは普通の意識になってしまっているわけですから、測定するということそのこと自体にものすごい危険が伴います。チェルノブイリのあとのときもそうでしたが、私はすべての汚染を測定した上で受け入れるべきだとあのころも主張しました。

測定してしまったら嫌だということになるから、測定はすべきではないという人たちもあのころもいました。

槌田　反原発の人の中にいましたか。

小出　いました。わたしがごくごく信頼している人たちのなかにもそういう人たちがいました。

ですから有機農業を支えて生産者と一緒に共同作業しながら、消費者として受け入れてきた人たちがいますよね。そういう人たちのなかに、測定をしてしまうと排除の論理が働くのでもう測定なんていらない。自分たちはこの信頼関係のなかでやっているのだから、測定はしてはいけない。むしろそういう意見の人もたくさんいたんです。

そのときも、どんな事実も知らないよりは知ったほうがいいという立場で、汚染もちゃんと調べて知った上で受け入れるという、そういう人が増えてほしいと思って、そのときもすべてのものを測定しろと主張してきました。

槌田　放射線の測定を中心に仕事をしておられる小出さんだったらそれは当然やわね。

小出　私は例えば使い捨て時代を考える会の人に測定をしなさいなんて思っているわけではないし、実際問題としてそんなことをほとんどの人はできないわけです。それをやる責任は東京電力にある。何よりも自分たちの所有物をばらまいた彼らにあるんだから、彼らにやらせる運動をちゃんと起こさなければいけないと思います。

子どもと妊婦を守る食卓のために

槌田　子どもの食には気をつける必要があります。放射線の感受性は子どもは大きいし、この社会をつくってきた責任も子どもたちにはない。放射線はどれだけ少量であっても危険。少なければ少ない程度で問題があるんだから、子どもは未来につながっているんだし、人生は長いんだから、それを大人は守る責任がある。

子どもと妊婦には十分のうえにも十分な配慮をすべきだ、これは一致してますよね。

小出　そのとおりです。もちろん、私は大人が食べるべきだとは言っています。けれども、そのためのやり方というのを私は提案しているんです。

今、国がやろうとしているやり方というのは、暫定基準を決めて、それを超えたものは市場から排除する。それを下回っているものは安全だとして何の数字も示さないまま市場に流通させようとしている。

槌田　暫定基準は社会的な我慢基準であるはずのものが、安全基準のように誤解されていますね。

小出　それは、何を彼らがやろうとしているかというと、要するに汚染しているという真実を隠すということをやろうとしている。

だから、私の提案はそのまったく逆をやるということなんです。汚染の真実をはっきりさせることをやるべきだと私は言っているわけです。

ですから、どの食べものがどれだけ汚れているかということをしっかりと測定して、しっかりとみんなに知らせるということが一番やるべきことだ、と主張しているわけです。

槌田　食べるか、食べないかは当事者に決定権があるのであって、決定のための資料が必要だ。そのために政府は汚染の現実を政府の責任で分析測定して、公表すべきだということですね。

小出　それをやらない限りは、暫定基準以下は全部流通してしまうわけですから、もう庶民の側から見たらどれがどれだけ汚れているか全くわからないまま、大人も子どもも同じように被曝してしまうということになる。

私は、とにかく真実を明らかにさせて、その上で大人はひどいものを食べる、子どもは比較的きれいなものを食べるという、そういう選択ができるようにする。

槌田　それは大事なことですね。でも現実の暮らしというのは、大人の食卓と子どもの食卓とは一緒ですからね。

小出　分けるんです、これからは。

槌田　そうは言っても、分けられる人もあれば、分けずにそういう状況のなかで食べてしまう人もいるではないかと心配する人はいるでしょうね。

小出　それは仕方がありませんけども。私が言っているように、60禁（60歳未満は食べない）、50禁、40禁というように、ちゃんとラベルを貼ってできるようになれば、きっと人びとだってそれを見ながら食べるわけですから、何でもかんでもいいやっていうふうに思う人は、たぶん今の日本の社会よりは減ると思う。子どもを守るという意味では必ず有効に働くと思います。

槌田　そのことは理解できます。理解できるけれども、現実的には、すべての農産物の分析なんか、できませんね。

小出　できないです。

槌田　だからね、これは東電と政治は責任をもつべきだと、その責任を問い続けつつ、現実的に対処するしかない。

農産物の場合なんかは、スポット汚染もあるから、同じ町の同種の農産物でも汚染値は違います。そうするとすべてのものを調べるということは、現実的には難しいでしょう。

小出　もちろんです。全部はできません。ですから、類型化してやるしかありません。それをどこまで細かくやるかということは残っている課題なんです。それをやる責任は自分の所有物をばらまいた東京電力にある。

東京電力に求めるべきことは、暫定基準を超えたものを買い取らせて捨てさせることではなくて、どのものがどれだけ汚れているかということをきちっと測定して公表するということです。それが東京電力の責任だと、私は考えています。

自責の念をもって原子力を止める

電気が足りようが足りまいが原発は止めなくてはならない

槌田　代替エネルギーの問題に移りたいと思います。講演で回られるとこの問題について質問が出ませんか？

小出　必ず出ます。

私は代替エネルギーのことは、本質的には興味がないのです。私の第一の興味は、この原子力という途方もないことを止めさせることです。電気が足りようが足りまいが、原子力は止めなくてはいけないのです。

原子力を止めると停電すると皆さん脅かされているけれど、そんなことはありません。これまでの日本の歴史をひもとけば、水力と火力があればいついかなるときでも原子力は必要なかった。今もそうなんです。だから脅しにだまされてはいけない。そのことを知らなくてはいけないと言ってきました。

槌田　国民に電力が足りなくなることに臨場感をもたせるために彼らは、意図的に停電をやるかもしれません。今、その停電をやるとあまりにも露骨だから、計画停電、節電と呼びかけています。

そのうちに意図的に停電をやるかもしれない。電気が止まると困るとなる。そして原子炉を止めたからだと言って、原発を動かそうとなる。これは恫喝なんですね。

電力会社が政府に認可されて保有する発電所の能力は原発を入れなくても、十分に需要に応じる施設をもっています。

小出　だからちゃんと知らなくてはいけない。日本には、火力発電所と水力発電所があって、それさえちゃんと動けば大丈夫。そのことを皆が知らなくてはいけないのです。マスコミもちゃんとそれを流さなければいけない。

残念なことにこの国では、国と電力会社が、原子力がないと電気がなくなるぞ！　と言い続けてきました。マスコミもそれに乗っています。多くの人が騙され続けているのです。

槌田　今の大量エネルギー消費のぜいたくを維持したいという願望をもっているところを付け込まれているのです。こんなに大量の電気はなくたっていいじゃない。そういう姿勢。それで臨めばいいわけです。もちろん、病院とか鉄道とか、そういう社会生活上大事なものは別にしてですね。

小出　それを覚悟すればなんの問題もない。

槌田　彼らはその覚悟を国民がしないであろうことをよくよく承知しています。

僕は毎月11日、関西電力京都支社に原発の停止・廃炉の申し入れに行っています。

節電に協力します、だから電力供給能力の詳しいデータを出してください、とお願いしています。しかしそのデータを出さない。ないはずはないが出せない事情がありそうです。原発重視の結果、火力を遊ばせ、錆びつかせてしまったことを知られたくないからでしょう。その上、本気で節電を考えていないからでしょう。

彼らの本心は原発による利権を守ることであり、原発をやめれば莫大な資産ロスで経営が危機に陥ることを恐れている。代替エネルギーを求めるのでなく、このことを追及することが大事なのでしょう。

代替エネルギーの話は、今の生活を捨てたくないという社会全体の意識に媚びるためのものだと思います。

小出　そうです。

槌田　こんな豊かな生活で生きているのは幻です。でもたまに幻がないと人間は生きていけないからね。しかし、生きるということはもっとおおらかじゃないといけない。

生きるということは太陽エネルギーの線上でしかないのだけれど、それに過大に評価されるのが太陽光発電です。

小出　そうです。

槌田　過大に評価された太陽光発電。僕は太陽光発電には反対なんです。なんでかというと、ああいう工業的手段で太陽光エネルギーを得るということは、生きるということとは関係ないんです。しかし、まあ、少なくともやっている人に嫌みは言わんようにしていますけどね。

過剰エネルギー消費の実態——60年代の4万キロカロリーから現在の12万キロカロリーへ

小出　人間が生き延びようと思うと何がしかのエネルギーが必要だと思います。人間が本当に猿やゴリラと同じように自然の中で生きていくならいいけれども、人間はそうは生きられない。人間が人間の寿命をまっとうしようと思えば何がしかのエネルギーが必要です。そのエネルギーの量は1人1日4万キロカロリーだと思います。

槌田　それはどんな根拠から。

小出　例えば日本の歴史を見ながら日本人がある時代にどれだけのエネルギーを使って、どれだけの平均寿命であったか。その分布を調べてみると、1890年（明治23年）で日本人の平均寿命は43歳。100年前の日本人はそんなに生きられなかった。そのころの1人当たりの1日当たりエネルギー消費量は数千キロカロリーです。戦争もあったけど、そういう時代が何十年も続いた。

寿命が飛躍的に伸びるようになったのは、戦争が終わってからです。西洋型の生活スタイルが入ってきて、衛生状態がよくなって、医療も進歩した。十分なエネルギーが使えるようになって初めて日本人の寿命が飛躍的に伸びた。あっという間に70代まで伸びる。それが１９６０年代の後半。そのころは１人１日当たり4万キロカロリーを使えるようになりました。

そうするともう人間の寿命として全うできるようになっています。高度成長を通じてそれ以降もどんどんエネルギーを使うようになって、現在は12万キロカロリーですが、寿命ももうこれ以上は伸びません。

槌田　消費エネルギーを抑制することは賛成なんだけど、寿命が伸びることはすばらしいこと?

小出　決してそんなことはない。今、80歳になっているけど病院に縛り付けられてる人が少なくない。老老介護も深刻です。

槌田　そこのところで活き活きと生きているとは何か？　そのことを前提として考えることが必要だと思います。

小出　そうです。ただし世界全体のエネルギー消費を考えると、一方でエネルギーが使えなくて死んで行ってしまう人が山ほどいるんですよね。アフリカ諸国を中心に平均寿命が40歳台の国があります。

槌田　そのとおりなんですけど、それは本当かと考えたい。何故かというとね、今、アフリカで起こっている悲劇は欧米の文化と欧米のエネルギー消費でつくられた歴史的社会的所産で、そういう時代の流れが、アフリカの人たちに理不尽を強いていると思います。

もし素朴なままで生きていたら、暗黒大陸の時代のアフリカの場合は、今より幸せであった可能性が高い。

小出　幸せという意味ではそうです。

槌田　しかもね、寿命の長さでいったら今より長かったかもしれません。

小出　それは統計がありません。

槌田　統計がないからわかりません。かもしれんということです。それはね、心静かに助け合っていたらね、人には生きる力があるんですよ。僕は生きる力に確信をもたなかったら未来は開けないと思う。

昔でも何故、早く死んだかというと強者が弱者を支配する社会的理不尽の結果なんです。弱者が強者の支配を受けずに支え合って生きていけたら、死ぬ時は死ぬけども、それなりの幸せで生きられるんですよ。

もし多産少死だったら生物世界は破綻する。これは爆発的人口増になるからです。

小出　もちろんです。

槌田　多産は多死じゃないといけない。従って早死になります。いのちの必然としてそれを受け入れるしかない。

小出 もちろんです。

槌田 そうだとしたら、寿命の問題でも早く死んでも幸せに生きられるのだったらその世の中はいい世の中です。幸せに閉じるんでなくて争いのなかで傷つけあって、あるいはあいつ死んでくれてよかったなどと思われて死んでいくことのない世の中が課題だと思います。

となると生きていくためのカロリーは数字で表せない、という立場になるのです。

どういうことかといえば、食いものさえあれば生きられます。食いものがあって病気で死ぬことがあって、それは縁が尽きて死ぬことです。そういう人を皆が涙で送る。早死にをしても幸せです。死者をみとる側も幸せだと思う。そういう価値観だったらエネルギー消費はグーっと少なくなります。

僕らはエネルギー多消費のぜいたくを知ってしまった以上、急にそんな状態がいいんだといっても受け入れてもらえない。しかし、文明の壁に激突しては大変です。軟着陸させる必要があります。この軟着陸はむずかしいでしょうが、現代の最重要課題です。

小出 私は槌田さんの言っていることは確かにそうだと思うけれども、それでも生命体としての人間そのものがあります。

その人間はどんなに頑張っても80歳ぐらい。生命体としての人間は80歳も生きれば死ぬという生命体なんです。生命体としての人間がどこまで生きられるのかを追求するのであれば、可能なところまで生きることを求めるだろうと思います。

人間が生命体として生きるのであれば、1日4万キロカロリーあれば生きられる。今は12万キロカロリーを消費しています。

槌田 食べもののエネルギーとしては2000キロカロリーは必要でしょう。僕らは植物に固定された太陽エネルギーを食べています。しかし、農業が工業資材に依存するようになった結果、大量の化石燃料がなければ回らなくなってしまった。その化石エネルギーも太古の太陽エネルギーですよね。「僕らはその貯金を食べているんだ」。

つまり小原庄助さんと同じ。財宝を食い散らしている。エネルギー問題の先に食の危機が待っている。その限界を承知せずにその道を選んだのが産業革命。その延長線上で原子力を使うようになったのです。

「開発」から自責の念へ

槌田　未来の社会について、小出さんは、今何を考えていますか。

小出　科学技術がやってきたことは収奪です。地球から収奪してきた、どうやって収奪するかということしかやってこなかったわけです。自分が何かを創ったということはないのです。

槌田　地球から収奪したでしょう。収奪についていうと、「開発」というのは、英語でいうとexploitationです。これには「搾取」という意味が同時にくっついているのです。自然を搾取して開発する。だから事実、20世紀のはじめから百年間の間に世界の緑はものすごく侵略されて搾取されたのです。

しかしその緑に依拠して生きているのは人間だけではなく、ほかの生物も生きていたわけです。かれらにしてみると、横暴のきわみを尽くす人間の営みで生存の場を奪われていったわけです。

お釈迦さんが「全てのいのちに幸せあれ」と言ってますが、この思想は、人間に対して、全てのいのちに優しい社会をつくる生き方をしなさい、ということ。他のいのちに対して優しくなければ自分も生を実現できないから言っていると思うのです。

小出　原子力に依存する科学技術社会では弱者が踏みつけにされるということです。巨大な都市と商工業の繁栄のために、過疎地に原発を押しつけるなど、その最たることとです。

槌田　人権の問題ですね。

小出　いや、私は人権っていう言葉は嫌いなのです。

槌田　なんで？　人権という言葉でろくなことがなかったからですか。

小出　ろくなことないし、人権なんて実際にそんなもの実現したことがないわけです。

人権なんてものがあると言ってしまうと、ほかの生物に対してなんか人間だけが尊いという、そういうニュアンスを感じるのも嫌だし、何か人権があるなんていうところに安住してしまうと、たぶんもう何もできなくなる。だって人権を守れなんて言ったって、相手は守ろうとしていない人たちがいるわけですから、要するに人権があるとすれば闘い取るしかない。

槌田　確かに生存の地球は人間だけのものではない。全てのいのちあるものに対して心が行き届かなかったら、結局人間にマイナスが返ってくる。これは環境問題を考える基本なのですが、人間社会の問題として考えたときには、そのなかで不平等、差別がある。
小出　そのことを人権という言葉に狭小化してはいけないと思います。人間社会のなかの差別の問題なのであって、人間として等しく認められる権利があるなどと言ってしまってはだめなのです。
槌田　等しいことはありえないというわけですか。
小出　ありえない。歴史的な、時間的な形もあるし、地域的な形もあるし、そんな平等な社会などというものはなかったし、すべての人が等しく人権をもっているというような社会はなかった。常に強いやつが弱いやつを搾取するという時代しかなかったわけです。それでとくに人間としての価値があって、人間としての権利があるなんていうことを夢想すること自体がおかしい。
槌田　だけれどもそういう理屈があるから、いつもそういう理不尽が修正されてきたと思います。
小出　修正なんて全然されていません。今だって日本はひどい社会です。
槌田　ひどいことはそのとおりだけれども、その理不尽に立ち向かう人が増えてきていると思いたいですね。
小出　それはもちろんそうですが、それは人権などという言葉を使う必要はないと思います。ただ事実を見ればいいのであって、人間としての権利とかそういう言葉を使うべきではないと私は思います。私に大切なのは、自己責任を果たすということです。それが私にとっての一番の問題だと言っているわけです。
槌田　生きものとしての自己責任ですか。そうですね。
　生きるために絶対必要なものは食べものですね。食いものがなければ生きられない。お百姓さんがいない社会ではもう生きられないということでしょう。緑の地球を収奪しただけでなく、高度成長はお百姓さんが存在できなくしてしまった。食糧問題は危機的になるでしょうね。最後は争いの渦の中で高度文明社会はつぶれていく。これは最悪のシナリオなのです。
　そうならないために、私たち年寄りには自責の念をもって、子どもたち、孫たちの未来を守る責任がある。
小出　そうです。人権なんてものより自責の念のほうがずっといい。
槌田　本日はありがとうございました。

PART 2

遠離一切顛倒夢想（おんりいっさいてんどうむそう）

――はかない幻想から私たち自身を解放しよう

【対談】中嶌哲演×槌田劭

しくじりを許されない原発という凶器

人生を狂わされた被爆者に学んで

――まず原発の計画が持ち上がったころの様子をお話しください。

中嶌　小浜に原発がくるという話が持ち上がったのが1967年の暮れか、68年ぐらいからです。最初のうちは私も原発には無知無関心でした。原発とは何ものぞということから関心を持ち始めましたが、そのころすでに7基が計画・建設中でした。敦賀と美浜と高浜です。

原発に無関心だったのは、学生時代に県外に出ていたので地元の状況があまりわからなかったということもあります。休みのたびに帰省はしていましたが、そういうものがすでに7基も計画決定して建設していたのに、あまり関心をもたずにきていたのですね。だから人様にあまり偉そうには言えません。

70年ころに日本科学者会議の先生たちが原発問題のかなり啓蒙的な講演を原発立地の候補地でされていました。そのとき、初めて原発の計画を知りました。数十人の小浜市民が一緒に聴いたと思います。私はその話でほかの細部のことは一切忘れたのですが、一つだけ覚えています。それが焼きつきまして、即決断しました。こんなもの、とてもじゃないけどつくってはいけないと。

槌田　そのシンポジウムは原発を否定的に見る集まりでもなかったのでしょう?

中嶌　そうですね。全面否定というのではなかったと思います。いわゆる平和利用3原則ですかね。

槌田　自主・民主・公開でちゃんとやりさえすれば、科学の進歩でいいことだ、と。

中嶌　ベースとしてはそうだったかもしれません。でも私がその講演の中で唯一頭に焼きついたのが、100万キロワットの原発が1年間仮にトラブルなしに動いたとしても、その原子炉の中に使用済み核燃料が、広島原爆一千発分の死の灰と長崎原爆30発分ぐらいのプルトニウムがいやでも応でもできるんだということでした。プルトニウムの半減期2万年余ということを思うと危険物を未来永遠に遺してしまうことです。それだけはばっちり焼きついたんです、「あ、こ

中嶌哲演氏

梱山明通寺住職。
1942年、福井県小浜市生まれ。高野山大学仏教学科卒業。在学中、広島出身の被爆者と出会う。宗教者として平和運動、反原発運動に関わりつづける。

れはとんでもないことだ」と。

なぜ、私がそれをしっかりと受け止めたかというと、それ以前に原爆被爆者の援護活動を始めていたのです。

学生時代に広島の被爆者と出会っているのですが、被爆者の体験談をいやというほど聞かされていました。こちらに帰ってきてからは、地元の被爆者の方の支援をしていました。被爆者の方はまわりから隠れるようにして肩身の狭い生活をしている人たちが多かった。小浜の方々は残留放射能を浴びているのです。2次被曝をしている人が多かった。だから残留放射能を浴びていて、なおかついろんな苦しみに遭っておられるというのをよく知っていました。

そういう生の被爆者の声を聞いていたものですから、そのたった一発の広島の原爆の放射能でこれだけ人生を狂わされてしまった被爆者の人たちがいるとすれば、一千発分の死の灰なんて冗談じゃない。そういう受け止め方をしたわけです。それから小浜への誘致は絶対させてはならないと思いました。

槌田　原発の本質についての理解が早いですね。その集まりでよくそういうところまで判断を進められたと思います。信じられないぐらいすばらしい。

なぜ過疎の若狭に原発が集中するのか?

中嶌　講演を聴いて、若狭に原発が7基も集まりつつあるという事実を改めて考えて、疑問を持ちました。火力発電所はどんどん関西の大都市圏の近くの海岸に林立しているのに、なぜ原発だけ若狭にくるのか。なぜ若狭に集中するのか。四重、五重の防護の壁があるから大丈夫という説明も、それでよくわかってきました。なぜ原発と引き換えに持参金をもってくるのか。

そういういくつかの根本的な疑問があったのですが、それがうそのように氷解しました。それを基にして考えていけばいろんな疑問が解けていくと私には思えたのです。

槌田　当時の日本科学者会議の皆さんは、科学技術について全幅の信頼をおいていて、軍事利用には反対しなきゃならないけれども、平和利用については研究を進めてという姿勢でした。もの豊かな文明生活をよしとして科学技術のプラス面を見るのが常識でした。だからおそらく中嶌さんがその会合で「これは、いかん」と思われたというのは、電化文明の根底に罪のあることを直観された宗教者の心故だったに違いないと思います。被爆者の問題と日本の南北問題を理解しておられたのでしょうね。

今度の福島がまさにそうです。東京・関東圏の経済を支えるのに、福島に原発が建設された。そういう日本社会の基本的仕組みに対する敏感な捉え方を中嶌さんはされたと思います。１９６０年代には反原発の動きというのは全国的にいってもほとんどなかったのですから。

中嶌　小浜は、１９７２年に1回目の原発建設計画を阻止しているのです。75年に再び問題が起こって、76年に決着をつけました。60年代末から70年代初頭は学生運動もあったし、反公害運動が結構ありましたから、そういう全国的な流れの中で、決して小浜が特殊でもないという感じはしています。

槌田　学生の反対運動はありましたね。しかし、建設計画の予定地は過疎の漁村ですが、反対する漁民たちは孤立させられて、伊方なんかでは自殺者まで出ています。本当にひどいものです。そのような中、よく阻止できましたね。

中嶌　小浜は当時、市会議員が26人いました。うち21名が保守で多数派です。私たちに理解を示してくれるのはたった5名でした。社会党、共産党。公明党も小浜では議会の中で市民運動の味方をしたのです。でも市議会の構成だけを問題にしていたら、最初から勝負はわかっていた。市長までがどちらかというと誘致派でした。

小浜の場合は市長も議会もそういう状況だったのですが、結構いろんな団体が集まって広範な運動をつくりました。議会と市民とのねじれ現象を生じさせていったのです。有権者の過半数の署名を最終的には集めました。それで議会に請願し、市長にも迫っていったのです。議会はそれでも多数派の21名が不採択にしました。有権者の過半数の請願署名があったにもかかわらず、です。

しかし市長が一部始終その運動の経過を見ていて、自分は誘致するつもりだったけれども、市民の世論を二分してまでは、と断念してくれました。その市長は決して革新でもなんでもなかった。若狭高校の校長を務め上げて、小浜の古いキリスト教会、聖公会のクリスチャンでもあったのです。早稲田の学生時代にはYMCAの青年部のクリスチャンの運動にもかかわっていた人でした。非常に日本的なクリスチャンなのでしょうね。幅広い考え方をもっておられました。

目くらましとしての核の平和利用

――1970年前後は槌田さんのように科学者の立場で明確に原発に反対した人はあまりなかったのでしょうか。

槌田　反対していたのは全原連（全国原子力科学技術者連合）ですが、69年末の発足です。その他にも久米三四郎さん（大阪大学講師・故人）も明確に反対していました。私はそういう動きの外にずっといたのです。

宇治に原子炉をつくるという計画があって、その反対運動をうちの親父（槌田龍太郎）が取り組んでいました。大阪大学の化学の教授でした。それで宇治原子炉はつぶれたのです。1956年（昭和31年）頃のことです。その時期には原子力の平和利用の研究はいいことだと、誰もが思っていたのです。当時は原子力3原則（自主・民主・公開）を守りさえすれば、原子力研究はいいという風潮でしたが、父は危険な放射性物質を大人口の水源、淀川の上流で取り扱うことに強く反対したのです。

中嶌　あの平和利用3原則というのは学術会議の3原則でもあったわけですね。

槌田　それを打ち出したのが1954年です。当時、多くの科学者は原子核研究が軍事的に利用されることに抵抗感をもっていたからです。54年に何があったかというと、53年にアイゼンハワーの国連総会における平和利用発言があり、翌54年にビキニ水爆実験です。核開発の頂点にきているわけです。

強力な破壊兵器をこれ以上たくさんつくっていいのか。軍事産業だけでは、原子力技術は維持できない。原子力産業として核のすそ野を拡げる必要があり、平和利用の用語が目くらましとして登場するのです。原発は商業利用ではあっても平和とは関係ありません。日本では中曽根康弘さんを中心にして、核武装の方向を意図しながら原子力産業を政策として推進したのです。

ここで最初の原子力予算がつくのが54年です。2億3500万円。ウラン235との語呂合わせは悪い冗談でした。そしてその当時、本当に言ったのかは確認はできていませんが、中曽根さんは「学者のほっぺたを札びらではたけ、つべこべ言わせるな」とハッパをかけたとのこと。そして田中角栄さんが74年に電源3法をつくった。露骨に札びらで叩くような流れがずっとあったのです。

――最初は研究者のほうにお金が回ってきたのですか。

槌田　日本は広島・長崎がありますから、原子力についてはかなりアレルギーが強かった。僕が大学に入学した年が1954年、ビキニ水爆実験。ちょうど入学試験を受けているときに、久保山さんらは死の灰を浴びていたわけです。だから大学に合格したころから原水爆禁止運動が盛り上がりました。

中嶌　その盛り上がりは続かなかったですね。私が反原発の関心を持ち始めたころですが、運動面で一番困ったのは、核兵器廃絶の方もこれまた分裂していたことです。いかなる国の核実験も反対、いや、ソ連などのほうは認めるというような分裂があったからでしょう。

槌田　党派の思惑や利害が運動にもたらす不幸の典型例でした。ソ連が原水爆実験を再開したとたんに共産党が、それを支持したからでした。平和運動にだけでなく、住民運動にとっても、分裂はきつかったでしょうね。

中嶌　そして原発に関しても核絶対否定と平和利用3原則ならいいんじゃないかというものがありました。そうすると現地のわたしたちは非常に困ったのです。

槌田　混乱したでしょうね。

中嶌　中央レベルや、学会レベルや、大都市部の運動はそうかもしれないけれども、そういう分裂をしている間に、現地に、福島や若狭に集中して原発が建設されてきました。

槌田　僕が疑問に思ってきた点です。大学生のころ、そういう革命運動についての疑問が強くなってきたのです。それは何かというと、それに参加する一人ひとりが自分の考え方に責任をもつのではなくて、組織の上層部から出てくる方針に左右されてしまう。そうした流れにたぶん小浜の運動も振り回されることになったのでしょうね。

原水禁運動は、「原水爆実験を再開するのは平和の敵である」と一致していたのですが、その平和の味方であると思っていたソ連が原爆実験を再開した。1961年の秋でした。そうすると平和の敵はソ連だということになる。「平和勢力」による原爆は平和のための原爆であって「よい核兵器」というわかりにくい議論が行なわれました。

要するに「平和勢力」とか、「平和勢力」でないとレッテルを貼って決め付けてしまう運動の進め方が支配的でした。自分の頭で考えること、人間らしさ、他者尊重を軸に考えにくいのです。

1955年、共産党が路線変換をするのです。それまでは火炎瓶を投げていたのでしたが、上意下達の路線転換で内部討論は全く行なわれなかった。そのときに僕はもう革命運動というのはまちがっている、要するに力によって政治社会を変えようというのは間違っていると気がついて、その流れから自然に離れるのです。離れて見ていると一連の運動が全部むなしく見えてきました。だから当初のそういう運動には僕はコミットしていないのです。

——それは原発の運動についてもコミットしていないということですか。

槌田　反原発の運動も、ちょうど小浜で苦労しておられたその時期には僕は見ていただけなのです。恥ずかしいですが。

——いつごろから反原発の運動にかかわるようになったのですか。

槌田　それは伊方で住民が訴訟をするというときです。1973年に、使い捨て時代を考える会を始めたときとほぼ同時です。小浜の問題が盛り上がっていたころですね。

中嶌　すごくよくわかります。「ああ、槌田さんはこの方向にちゃんと来られたんだな」という必然性が今のお話を聞いているとありますね。

槌田　伊方の場合、町長も町民も反対していたので

槌田劭 氏

使い捨て時代を考える会相談役。1935年、京都市生まれ。京都大学理学部卒業。科学技術に疑問をもち京都大学を辞職。1973年、使い捨て時代を考える会設立、理事長として運動を牽引。

す。それでも四国電力は虚偽とペテンで推進しました。だから住民の反対運動はものすごくしんどかった。

そして建設差し止めの訴訟が始まります。これは日本で最初の原発反対の訴訟です。住民も反対派の証人をそろえなければならない。ところが原子力を専門にする人は証人にならないのです。そのころすでに「原子力ムラ」ができていたんです。

全原連で伊方の住民とかかわりのあった荻野晃也さんから「協力しろ」という話があった。話を聞いてみると「専門の人の協力は得られない」という。今から考えてみると当たり前のことなのですが、びっくりしました。

札びらでほっぺたを叩けという構造の中で、その当時すでに専門の研究者というのはかかわれないのです。その中ですばらしかったのは荻野さんや京大原子炉実験所の6人組です〔8ページの注参照〕。彼らと伊方問題で一緒のグループになりました。

専門家は誰も協力してくれないのだから、勉強して協力しろということです。科学の世界というのは専門分化が進んでいるから、ちょっと離れた領域になるとさっぱりわからないのです。恥ずかしいのですが、その当時の自分を正直に言いますと、PWR（加圧水型原子炉）とBWR（沸騰水型原子炉）の差さえ定かでないぐらいでした。証人として手伝う素養など全くない。それでも現地の苦労や訴訟の意味など聞いてしまったのが運のつきです。「手伝えることがあったら、手伝いますよ」と軽薄なことを言うてしまったばっかりに、僕の人生は変わるわけです。

中嶌　必要に迫られたんですね。

裁判官を入れ替えてまで押し通した国策

槌田　僕が担当するのは、原子炉の中でも一番大問題の炉心燃料だった。裁判をやってみて、「こんなひどいこと」と知るわけです。*

*PART1 14〜16ページ参照。

原告住民側の証人団を見たときに、国側は絶対勝てると思ったでしょうね。というのは炉心燃料でいうと、原告側が私、国側は東大教授の三島良績さんでした。これは国際原子力の学会でも有名な、いわゆる大ボスです。三島さんは原子力工学の炉心燃料の専門家です。

国側は簡単に勝てると思ったに違いない。だからこちらも真正面から四つに組んだのです。ところが裁判をやった結果でいうと、これは実にこっけいだったのです。

ちょっと自分に引き寄せて言って恐縮ですが、裁判全体の流れとしては、内容的には原告住民側の圧勝です。炉心燃料についてしか僕はわかりませんのでそのことだけについて言うと、僕は国側の質問に対して立ち往生したことは一切なかったです。それに対して三島さんは、もう質問に答えられずに「……?…」、沈黙、そして、しどろもどろの連続でした。

中嶌 それはもんじゅの高裁のときも同じでした。

槌田 答えられないことを質問すると答えられないのは当然なのですが、つまり答えられないことがあるということなのです。それで、証人調べが終わって結審して、担当していた弁護士さんが「こんなおもしろい裁判はやったことがない」と言いました。要するにいばって出てきた偉い証人たちに徹底的に赤っ恥をかかせたわけです。

だから「普通の裁判だったら絶対に圧勝です」というわけです。しかし、「でも、なにぶん国策だから…」とも言われました。

中嶌 ここで国策なのですね。

槌田 そう、原子力は国策です。国策とは何かというと、特別なのです。要するに反論を許さない。普通の政治の世界では官庁ごとの縦割りでそれぞれの利害で動いているのですが、国策というのはどこか一カ所に集中した部分が全体を支配して、他の縦割りの部局はそれに協力するしかない。

もっと言えば戦前に戻ると大本営には逆らえない、国策だからという世界です。ここが今日の原子力の悲劇の元です。「国策だからどうかな…」と弁護士さんが言うのも無理からぬところがあるのです。

「勝つかもしれん、しかし国策だから無理かもしれん」というギリギリのところで裁判所は裁判官を入れ替えてしまった。そして、証人調べをした裁判官でない裁判官に判決を書かせるという暴挙に出た。これは民衆に対する裁判所の、大変な犯罪だと思うのです。

しかし、そのへんの人事権は最高裁にはあるようです。だからこれは勝てないぞと危惧を抱いたのでしょう。

証人調べした裁判官は技術的中身なんかわからなくても事の流れはわかるのです。専門の技術的知識がなかったらアウトというのだったら、それは科学技術による専制社会です。民主社会ではない。民主社会である以上は、内部の細かいことは分からんけれども、事の真実はどこにありそうだとわかるはずです。

ところが証人調べをした裁判官を全部入れ替えてしまった。入れ替えて出てきた裁判長というのは、公害問題で有名な札付きの人だった。そういう人に替えないと勝てないというぐらい司法の上層部は危機感に燃えたということです。

その裁判官に対して当然、原告側は忌避申し立てをしました。裁判官の忌避申し立てなんて通常通るはずがないのです。裁判所はいばっているところですからね。ところが忌避が通ってしまったのです。というのはその裁判官に書かせたら、書いた判決が信用されなくなるからです。

それで入れ替えて元に戻すならともかく、戻さずにまた入れ替えたのです。だから裁判官の判決文なんて実に恥ずかしいものです。国側の準備書面を並べて認めて、原告側の準備書面から文章をもってきてそれを否定して、「上記認定に照らして」私たちの証言は採用されなかった。だから裁判所は全然中身を見ず、国策に従っただけなのです。

原子力＝人間社会にあるまじき、しくじりが許されないシステム

槌田　この裁判の経過を見て、僕はこの社会の本質的問題を理解しました。

原子力は扱うエネルギーとして大きすぎます。だからしくじりを許されないことをやらなければいけない。しくじりが許されないことというのは人間の社会にあってはならんのです。しくじりはほめたことではないにしても、誰しもしくじる可能性があるからこそ支えあい、助け合うわけですね。ところが原子力というものはしくじりが許されないシステムです。危険すぎて大きすぎるのです。だから安全神話に基づいて、三権分立の民主主義の否定も起こるのです。民主主義社会を維持するためには、これはもう原子力がある限りは無理なのです。これで僕は、科学者であることを辞める決心をするわけです。

――それで大学を辞めるわけですか。

槌田　78年の伊方裁判の判決で辞める決心をしました。裁判のあと松山から帰路、関西汽船の夜行の船に乗りました。2等の船室でしたが、寝られなくて、船べりで黒い水がうしろへ流れ走るのを眺めて、時間を過ごしたのです。悪魔の水がうしろへ流れている中を突き進んでいるという感じをしましたが、そんな中、思案の末、科学者を辞める決意をしたのです。科学で世の中をよくしようなんていう考え方が間違っている

と、極端かもしれませんが、そう思いました。

もちろんそれまでに疑問はずっと膨らんでいたということもあります。それまでも京大を辞める、科学者を辞めたいと思う気持ちがなかったわけではないですが、伊方のあと、今こそ一人の人間として自分の人生を大切にしたいと思ったのです。むずかしい科学の用語を使って議論するよりも、庶民のわかる日常語の世界で生きるほうがよい。孤高の錯覚より、庶民的共生の道を選ぶことにしました。

内なる〝利己的な原発〟に思いを至す

若狭にお金が溢れ、三つの汚染が広がった

――原発ができて以降、豊かさは実現したのでしょうか？

中嶌　表面的、表層的な部分ではずいぶん変わりました。インフラが整備されていったり、家もどんどん建て替えたりと。とくに原発を受け入れた地域では結構豪邸がつくられました。

槌田　高浜町とか美浜町とかは直接電源3法の交付金が落ちていますね。小浜にはそれほど落ちてないんですよね。

中嶌　おおざっぱに言って、若狭の原発はこの40年間で2兆キロワットを発送電してきたのです。もちろん送電ロスが数パーセントあるので全部が全部ではないが、概算で1キロワット10円でも20兆円。1キロワット20円なら40兆円です。この40年間の若狭の15基の原発が得てきた巨大な利益というのはそういうものです。

すごく簡単に言いますと、若狭の15基の原発と引き換えに福井県と立地市町村、あるいは周辺も一部含まれていますが、得てきた3法交付金は約２６００億円、核燃料税が約１４００億円、合わせて約４０００億円です。40兆円の４０００億円だからちょうど1パーセント。若狭の自治体や地元住民は、何も原発が安全ですばらしいからといって受け入れたのではなく、そのお金の魅力なのです。さらに 固定資産税とか様々な名目の買収に等しい協力金だとかあります。

その他、4次、5次にも渡る下請け構造の中で吸収されていく地元住民も、非常に不安定な身分ではあるがパートで働いたりだとか、様々なそういうメリット

を受けたとは思います。

槌田　過疎地も札びらで叩かれたのですね。

中嶌　原発はだいたい過疎地の不便な半島の先端部の岬につくられています。道路をつけてほしいとか、トンネルを掘ってほしいとか、橋を架けてほしいとか、そういうインフラ整備が、ずっとこれまで過疎地の不便をかこってきた地元住民にとっては非常に魅力的だったわけです。

ごく最近の例を挙げますと、もんじゅの再開に向けて15年の間に名目を変えていますが、2種類の交付金を国はひねり出しました。両方で１１０億円です。それからプルサーマル。これが引き換えに60億円なのです。プルサーマルを受け入れた時点で10億円。それから実施に入っていくと、１年ごとに10億円ずつ５年間です。

今、商業炉13基のうち８基が30年を超えています。老朽炉です。そのうち２基がもう40年を超えました。敦賀・美浜・大飯・高浜の四つのサイトごとに30年以上の原発を抱えていますから、そのサイトごとに、延命運転を受けいれることによって25億円です。そして、40年過ぎたものについては、単年度で１億円のおまけを差し上げましょうということです。

槌田　危険料ですね。たった１億ですか。

――原発のお陰でこの地域の過疎とかは解消されたのですか。

中嶌　箱物だとかインフラ面での整備はたしかにされてきました。いわゆる都会の便利で豊か、快適という都市文明のミニ版が若狭にコピーされてきたという面はあります。でも都市の文明が本当に便利なのでしょうか。豊かな快適な現代文明が都市住民に本当の幸せ感やら、本当の人間関係なり、すばらしい職場を与えているかどうか。労働条件はどうかということを見ればわかるでしょう。

それと同じことがやはり若狭にはあると思います。やはり都会の生活をコピーしたような状況になっている。たしかに表面、経済的にはある面で豊かにはなったにしても、そういう人間生活の面ではどうかと思います。

槌田　お金って悪魔性がありますよね。人間関係も生き方も破壊されてしまいます。

中嶌　それに加えて自然破壊があります。豊かな若狭の自然、海も河川も緑の山も、送電線、鉄塔で破壊されていきました。とくに海岸部の原発が建設されている地域は何10万平方メートルもの広大な敷地をぶっつぶして、海を埋めて、海岸部を人工的なものにしていくわけでしょう。そういう自然破壊がひどいです。

小浜で原発を阻止した地元の漁村の集落のリーダーの人がいみじくも言っていました。

「先祖代々この海を大事に守ってきた。それをそのまま子孫に伝えたい。わしらの代でこの原発なんかを受け入れて、孫子の代に迷惑を及ぼしたくない。つけを残したくない」

つまり、何も仏教の教義や、儒教の道徳をもち出すまでもなく、一般の庶民が延々と引き継いできた一種のモラルがあるわけです。先祖代々伝えられたものを自分たちは受け継いでいる。その受け継いだ大切なものを孫子末代に残す。親の因果を子に移すような、そういうことはしてはならない。自分さえよければいいというのではなく、やはりまわりに迷惑をかけてはいけない。素朴な若狭のつつましい生活、豊かな自然の中で守ってきたそういう人間としての生活なり、ゆかしいモラルが破壊されていったと思います。

だから私は三つの汚染と言ってきました。一つは、放射能の汚染。それから札束の汚染。三つめに人の心の汚染。そういう三つの汚染が進んでしまっていて、若狭が本当の意味で幸せになったか。表面的ないろんな便利さ、豊かさの問題はあるとは思いますが、本質的な面ではそうなっていないと思います。

――福島の事故後、何か変わりましたか？

中嶌　若い人たちは当然不安を持ち出していると思います。若い世代はもう自分たちが生まれたときからそこに原発があったものですから、それとの共存・共生感みたいなものがなくはないのです。

小学生の子どもをもっているある父親が福島の事故が起こったあと、わたしを訪ね相談を持ちかけてきました。「ヨウ素剤がどこに行っても手に入らんのです。インターネットでも手に入りません。どこに行けばいいでしょう」と。

「自分は小学生の娘が2人いるので、福島の放射能がこっちへくるかもしれないし、若狭で万一のときにどうすればいいのか」ということで来たのです。私はヨウ素剤の保管場所や事故の場合の行政の今取ろうとしている対応はこの程度のことしかないということをちょっと説明はしました。

それから母親たちはすごく心配しています。要請があって、若い母親たちの集まりに行きました。放射線被曝の初歩的な問題について話を聞きたいということで勉強会に行きました。私なんかは科学者でも先生でもなんでもないのですが、「今こうしてあなたたちが学んだことを、今度は自分で調べたり、あなた方がまわりの母親たち、仲間に伝えていってくださいね」と言ってきました。

安全を求めて相手を窮地に落し入れていいのか？

――福島県は日本の大切な食糧供給県でもありますが、その福島の第一次産業を守るにはどう向き合えばいいのでしょうか？

槌田 「使い捨て時代を考える会」では、そのことを議論する場づくりを徐々に始めています。

僕としては一石を投じているのです。問われている問題は何かというと、人間というのは自己中心的なものので、煩悩を解脱できるということは可能なのかどうか、可能だとしても稀有なことであると見るか…。どちらにせよ、われわれは煩悩を抜けられない。

少なくとも自分が健康で生きたいと思うのは当たり前だし、子どもが健康で生きていってほしいと思うのは当たり前です。そこからすべてのことは始まるのです。放射能で汚れたものを食べるということを何人にも要求してはならない。そうしろと言ってもならない。

中嶌 強制はできない。

槌田 しかしそれを選ぶという考え方はあると思います。

その一方で、原発によって否応なしにあぶり出される利己主義という問題がある。要するに自分さえよければ、経済的にお金が転がり込んでくるのがよければという発想で動いてしまう。その人間の弱さにつけ込んで、札びらで叩いて過疎に危険物を押し付ける。

この流れに対してそれをおかしいと言うのであれば、私たち自身が生きるということは利己的にしか生きられないとしても、そこはやはり課題として問う必要がある。そういうことで、人に要求するわけではないけれども、考えてみようということになります。

福島は自分たちの電気のために発電所をつくったのではなく、札びらに叩かれて受け入れざるを得なかった。「国策だから従え」と言われて押し付けられた。そして事故が起こって、今難渋しているわけです。

私は郡山から福島、飯舘まで回ってきましたが、農家が大変です。もう出荷できないのです。しかも有機農業をやっていて、命の糧だから安全なものを育てるのは当たり前で、土を大事にしてやってきた。そういう人たちが一番直撃されているわけです。

その人たちはその農業、その生産物を評価してくれる消費者に喜んで食べてもらって喜んでいたわけです。生産者と消費者とが協力し合ってきたのです。ところがここで問われるのが、安全なものを求める意識の強い消費者は「汚染したものはもう結構です」となる傾向が他の人よりも強い、ということです。私は有機農業運動を40年やってきてますが、有機農業運動における利己主義の問題が今、問われていると思います。安全を求めるのは当たり前だとは言うのだけれども、安全を求めるとは何なのかということです。そこのところを深めていかないといけない。

出荷できる状況が小さくなった、消えた。今まで付き合っていた生協からの注文がぴたっと止まったという現実。これでは農業を続けられないのです。放射能で汚染されてしまった畑での農業はあきらめたほうがいいのだと、誰が言えるか。本人に続けてほしいとも言えない。自分がそこでそういう状態になったときに果たしてどういう態度をとるか、それはわからない。だから続けろとも言えない。しかし土を愛し、人を愛し、村を愛して農業を続けてこられた方々が生産物を買ってもらえない。農業を続けたのに辞めざるを得ないと苦悩しておられる、手を差しのべないでいいのか。

福島県の農業がつぶれるということは大変なことなのです。日本の水田の5パーセントが福島です。日本で新潟・北海道についで3番目の稲作地帯です。

中嶌　ちょうどチェルノブイリのあるウクライナの穀倉地帯に相当しますね。

我が身に引き寄せて考える
――お釈迦さまの言葉に学ぶ

槌田　皮肉なことですが、国土が狭く、食糧自給率の低い日本で最も大切な農業地帯が打撃を受けている。放射能の問題だけに関心を向けるところに危さがある。もっと人間は互いを慮《おもんぱか》り、手を差しのべ合う世界をもたないと未来はない。

われわれは幸せな社会を維持するために原発に反対してきたのと違うか。放射能の危険も私たちが原発に反対してきた理由ですが、利己的な原発が私たちの社会の幸せを破壊するから反対したのと違うか。大切なことはモノなのか、人間なのかではないでしょうか。そうすると、放射能に汚染されるものを引き受けて共にこの汚染の現実を受け止めることのほうが、おびえて逃げるよりは確かなのではないか、ということなのです。

中嶌　食べものの問題でもそうなのですが、私もジレンマを感じるのです。

戦争末期、1945年の数カ月間、明通寺も大阪から疎開児童を預かっていたのです。4年、5年、6年生の女の子40人ほどです。戦後だいぶ経ってから十数年前にですが、東大阪市から感謝状をいただきました。父が住職の時代のことです。疎開児童を預かっていた当時、私は3歳でしたがその女の子たちのことを覚えています。寺の息子の男の子が女の子の中に1人おったものですから、すごくかわいがってくれたのです。ふるさとを離れてさびしい思いをしている彼女たちは男の子1人がめずらしかったと思います。

今、原発推進してきたのも国策ならば、子どもたちを本当に厳密な意味で放射線被曝から守るために、国策として子どもたちの集団避難を本当は考えなくてはいけないと思うのです。

槌田　政府は無責任ですね。放射能放出の実態を隠し、子どもや妊婦の疎開もしない。甲状腺ガンなどが出ないことを祈るのみです。いまも高汚染地に子どもたちが生活しています。

中嶌　私たち宗教者のグループでもせめて夏休みの期間だけでも地元から離れて保養できるような、これはチェルノブイリのときもそういう取組みがあったようですが、活動をやっています。明通寺の過去の事例もありますから、福島で被曝に遭っている子どもたちを少しでも預かれればという思いもあります。

槌田　使い捨て時代を考える会でも、精華大学の学生たちと協力して、夏休みに会の所有する農村の古民家で福島の子どもを受け入れました。

中嶌　私がいま頭をひねっているのは、若狭を第二の福島にしてはいけないという問題です。広島で被爆した人が長崎に行って、そこでまた二重被爆したなんていう悲劇もあります。若狭の原発が強行運転されている現状では、そして地震がそこにボンと来たりすればどうなるかわからない。

原発そのものを止めていくことがまず大前提として、ビジョンとしてはなければいけない。にもかかわらずやはりこういう状況の中で、現在すぐにもしなければいけないこと、対応しなければいけないこととしては、槌田さんが言われた食べものの問題一つとっても、原理原則だけでぴしゃっと「もういりません」なんていうことは言えない面があると思います。

もう一つは、私も僧侶のはしくれではあるのですが、自分自身が何よりもかわいいというエゴイズムの問題があります。それはもうそのとおりです。実はお釈迦さんにその言葉を発見して、もういっぺん坊主の世界にUターンするきっかけになったのです。

日本は戦争中、「天皇のため、お国のために命をささげなさい」という滅私奉公が国策を支えたイデオロギーでした。残念ながら仏教者自らが「そうだ、そうだ。仏教は無我の精神を教えている」なんて体制に身を摺り寄せる形で、そういうことを説いて檀家の人たちを戦場に送ってしまったのです。

そういう歴史をきちっと意識していたわけではないですが、私なんかは「そんな人のため世のために自分を犠牲にして、自分の好きなことを押さえ込んで尽くせなんて、そんな仏教の世界なんてオレは器じゃないからいやだ」と言って、寺を飛び出していたわけです。

自分をウルトラエゴイストだと当時は思っていたのですが、結局そのウルトラエゴイストでは行き詰る。行き詰ったときに出会ったのがお釈迦さんの言葉だったのです。

「あらゆる方向に自分にとって何が一番いとしいかということを若き時代に探求した。しかし得た結論は自分よりもさらにいとしいものをどこにも見出さなかった」。つまり自分自身が一番いとしいんだと。

私はここで安心したのですが、ところがそのあとがあったのです。微妙な紙一重のことなのですが、ここがすごく大事だと思っています。「すべてのものは暴力におびえている。すべての生きものにとって命がいとしい。己が身に引き比べて、自分がそうなのだから、そういう自分の身に引き比べて他者を殺してはならない。また殺させてもならない」。仏教の倫理を押しつけがましく、単なる道徳として説かれたのではなく、これを踏まえられた倫理なのです。

槌田　その言葉を私もいつも思い起こしています。「己の身に引き比べて相手を見よう」ということですね。

要するに、「殺されることもだれも好む人《ひと》はいない。したがって自分がそう思うということは他人もまたそうなのだから殺すことはできない」。暴力もそうですね。

そういう己の身に引き比べて考えるときに、福島の問題を遠い福島のことだと思っている間はだめなんだということをまず反省しなければいけない。重大な過酷事故が福島でなく、若狭で起こっていても不思議ではないわけです。たまたま福島で起こった。だとしたら福島のことを若狭のことに引き寄せて他人事と思わずに我がこととして考える必要がある。

郡山から福島市をまわって何人かの有機農業農家に会ったのですが、彼らは深刻に悩んでいました。福島第一の事故炉から50キロ離れています。そうすると美浜から、あるいは高浜から、大飯から、私たちの生産者の農場も40～50キロのところにあるわけです。その人たちの農場がもし汚染するような事態になったとき、私らは「それを食べません」というようなお付き合いを今しているのか。

それともつくっていただいたもの、安心安全の生産物を私たちはいただくことを通じて生産する農民も農業を続けられるような状況を共に支え合い協力してきたのと違うか。それを大事にしてきたのだったら、そういうときにどういう態度をとるかということを考えてみる必要がある。福島は遠いから関係ないと言うのか、同じ問題としてみるのか。福島で起こっていることをどう自分の課題として受け止めるかということを通じて今の事態は試されている。

〝自分のところでなくてよかった〟ではいけない

槌田　有機農業運動というのは安全な「モノ」を求める運動なのか、その本質が問われています。食べものが生命の糧である以上、安全を求めるというのは当たり前なのです。農薬というのは毒物だからそれを避けたいというのも当然のことなのです。しかし、それだけでいいのか。

いま私が考えていることは、妊娠中の女性、子どもには福島の農産物を勧められない。しかしその人たちが食べないで済むような状況をつくろうと思ったら、だれかが食べねばならない。というふうに理解してはどうか。60歳過ぎた男はこの世の中を続けてきた責任があるのだから、その流れの中で今回の事故が起こっているとしたら、「あいつが悪い、こいつが悪い」と他人事のように言うのではなく、自分が食べたらどうか。ばちは当たらんと思うよと、まず思います。60歳以上の女性もそういう男のお尻を叩いたかどうかは別として、その収入で安穏と生きてきたのではないか。いま引き受けてもばちは当たらんのではないか。一人ひとりが決めることだ。

しかしそう言ったとしても「自分はいやなものはいやだ」と言う人がいるだろう。それはもうその人の生き方、考え方。しかし、人が難渋しているときに、悩んでいるときに、「それが自分でなくてよかった」と思う人間でいいのか。そういう人間がつくる社会で育つ子どもは本当にいい子どもに育つだろうか。幸せに生きられるだろうか。私たちは子どもの未来を守りたいのであって、未来はさまざまな形で子どもの幸せに影響してくるのです。物事を単純に一つのものさし、放射線被曝のことだけで考えるということでは落とし穴にはまるかもしれない。

過酷事故で放射能汚染してしまった現実をどう受け止めるかということです。現実から目をそらさず、福島の子どもたちや農民たちの現実を「わが身に引き比べて」引き受ける覚悟が必要になっています。人間の問題、社会のあり方の問題として、受け止めなおしてみる必要がある。

中嶌　そうだと思います。だから私も福島の事故が起こったとき、ある面では起こるべくして起こってしまったかという思いと、こういうことにならないがためにやってきたはずだけれども起きてしまった、どこまで本気でこういうことが起こらないためにやってきただろうか。もっと運動の輪を広げることはできなかったのかと、忸怩たる思いがあるのです。

だからこの事故が起こってから、「お前たちが前々から言っていたことがとうとう起こってしまった。お前たちの言うことは正しかった」といろいろ言ってもらえたのですが、それが嬉しいとかいう気持ちには全然なれないのです。

槌田　力不足を恥じるというか、とうとうこんなことを起こしてしまった。その構図に反対してきたけれども、不十分だった。あるいは多くの人の心を掴むことができなかった。そのことに慚愧の念を深めます。それは熱心に反対運動をやっていた人ほど強いのではないでしょうか。

要するに物事を部分で見ている限り、「東京電力はけしからん。政府はけしからん」となんぼでも言うことはできる。もちろん東電は本当にけしからんと思う。しかし他人事のように「けしからん」と済ますことはできない。大事にしなければならないことをもういっぺん見つめなおさなければいけない。だから若狭の原発を絶対に止めるんだ、原発についての姿勢の厳しさは一歩たりとも譲らないんだということを背景にして、放射能とのつきあいのことも考えないといけない。

中嶌　起こるべくして起こったというその側面は若狭でも違いはない。東の原発銀座が福島なら、西の原発銀座は若狭です。福島より若狭が先に起こっても不思議でない若狭の状況だったのです。放射能を制御できなくて、原発を制御できなくてああなったというだけの問題ではなくて、やはりずっと40年間かかって原発推進勢力が地元住民を籠絡しながら、カネの力で汚染しながらやってきたそのシステム全体が崩壊した。自爆した姿に見えるのです。

だから私はもう非常に恥ずかしい思いなのですが、そうであるならあるだけに現地にもっと早く駆けつけて原発銀座が一旦こういうことになった場合どうなるのかということをリアルにちゃんと見定めたり、大変な目に遭っている人たちの気持に添った行動をしなければならないのに、私はまだ今のところ〔2011年8月時点〕いっぺんも現地のほうに行っていません。

本当にその点は慚愧に耐えなくて、槌田さんはさっそくご自分が実践されている有機農業の立場から現地に足を運ばれて、そういう人たちの思いをちゃんと聞いてこられていることにすごく感銘しています。と同時に私自身は恥ずかしい思いでいます。

“社会的な関係としての幸せづくり”の観点から原発と原発事故を考える

食中心の町づくりと原発拒否

中嶌　私は市民の会の種火は消すまいと温存してきました。小浜市民の会は通信「はとぽっぽ」を隔月発行しています。そのたびごとに例会を開いていたわけです。だいたい2カ月に1度の例会は事故が起こるまでは数名、ないし多くて10名前後です。小浜の人がほとんどです。やはり日常的に緊張感をもって原発の問題をフォローするなんて、しんどい。私だっていやですよ。自分自身がいやだから、重い、苦しい意識を抱えながらやっているから、みんなが来なくたって当然だとある意味では思っているのです。

これまで「はとぽっぽ」は900部ほど発送していました。それが福島の事故以後、千数十通に増えました。

この前、ジャーナリストの広瀬隆さんを呼んで、小浜と敦賀と福井の3カ所で連続講演会をやりました。敦賀と福井はチケット制でそれぞれ二百数十名と満杯になりました。小浜は350席を用意したのですが、271人集まりました。しかも事前のチケット販売でなくて、全くの自発性に任せたのです。ポスターを貼ってチラシを配り、あとはマスコミに事前告知してもらうという程度です。ただ団体の窓口に向けてはかなり広範囲に呼びかけました。小浜市役所の庁舎内の全課にチラシを入れたり、議員たちに全部渡したり、消防署、全小中学校、保育園にも参加を呼びかけました。農協・漁協・商工会などのトップの反応がすごくよかったです。

槌田　ショックだったんですね。

中嶌　それはもう福島の事態をやはり我がこととして受け止めていたと思います。だから従来ない顔ぶれの人も含めて参加してくれました。

実は小浜市は食中心の町づくり、食育をすごく実践しているのです。小浜は2000年代に入ってからも中間貯蔵施設計画を2度、阻止しています。

前の市長さんは食育に熱心な方なんです。県の農林水産部長をしていた人です。2期務めました。

若狭の豊かな自然風土と歴史文化に照らしても、若狭は古代から海産物、塩だとかそういうものを畿内に送っていましたから、食中心の町づくりをやっていこうということでした。

その政策はわりに広がりを見せて、学校給食なんかも地産地消です。自分のおばあさんやおじいさん、お母さんなどがつくっている野菜を学校給食の野菜に取り入れて、給食室で調理しているわけです。そういう広がりがある中で、彼自身は別に原発反対を掲げていたわけでもなんでもないのですが、何も原発に依存した地域づくりではなく、そういうものをやっていけばいいのではという意識がすごく底辺の部分に育っていったのではないか。

だから中間貯蔵などという危険なものは、ということになったと思います。

使用済み燃料中間貯蔵の膨大な施設と引き換えに50年間に1200億円、毎年20数億円の財源が市に安定して入ってくるという誘惑はあったのです。青森県のむつ市は借金財政に苦しんでいたからその1200億円の交付金に惹かれて中間貯蔵施設を受け入れました。それで今建設中です。しかし小浜はストップをかけてきました。

そういう流れの中で食の問題は今、当然話題になってきていると思います。

事故後、先ほどの若い父親（57ページ）がやってきました。PTAの役員もしているのですが、彼の意識はできるだけ東北のものはシャットアウトしてほしいと、自分自身も娘が小学生なので、やはり福島から遠いところのもの、西日本寄りの食材を採用しているようなと言っていました。槌田さんがおっしゃっていると深い問題から食の問題を捉えなおしていくということは、これからやっていかなければならないと思います。そういう食中心の町づくりをやっていた町だけに、余計その深い議論が今後必要だろうと思っています。

健康な孤独死と病気でも看取られる死
――幸せとは社会的な関係である

――槌田さんは福島の農業を守るためには食べることを主張されています。

槌田　何が安全か、何が安全でないのか。おろかな人間にどれだけのことがわかっているかというのが一つ気にはなるのです。

たとえば放射能の恐ろしさというのは、放射性物質を内部に取り込んだものが臓器に取り込まれ、そこからから直接放射線が出て、細胞を傷つける。体細胞を傷つければガン、生殖細胞を傷つければ遺伝子障害になる。神経細胞を傷つければ精神的障害を受ける。それぞれ出方が違ってきます。そのどれもが問題であることは間違いない。

どの程度かということです。これは程度がひどければ致命的です。致命的ではないけれども、障害が明らかに出るというのはかなり強度の放射線です。弱い放射線だと将来、確率的には被害は出ますが、他の原因の中に埋没もするわけです。したがってわからないのでいい加減な話になる。

そのいい加減さが、この間の一連のできごとではっきりしました。東電から出る情報もいい加減、それからそれを支える「原子力ムラ」の人たちの発言も実に恥ずかしい。政府のいうこともやることも頼りない。こういうことでもう市民の中にものすごい不信感が広がってしまいました。

人の幸せという点から見ると、怯えを伴う不信感の広がりは悲しむべきことですよね。不信感によって人は幸せになりません。幸せは信頼し合える人間関係の中で安心を得ることだからです。

中嶌　たとえ苦しくても痛くても、やはり真実に直面した上でいろんな配慮が生まれてくることが望ましいですからね。

槌田　怯えず、冷静に事態を受け止めることです。そのためには、我慢が必要でしょうが、それにしても、食品についての暫定基準はひどすぎました。政府と東電の責任のがれを目的としたようです。安全の基準としては甘すぎて、不信を増幅させました。微量の被曝でも確率事象ですから、当然危険なのです。ただ問題はそのことを現実的かつ総合的に受け入れ、どの点で我慢するか、という問題なのです。

生きるとは、全体として生きることなのだから、部分の問題だけに偏り、狭い範囲に意識を集中すると判断を誤るおそれがあります。

貧しいときこそお互いの配慮が行き届く関係が生まれてくる。「地獄に仏」といいますが、きびしさの中でこそのすばらしい人間関係なのです。だから貧しさの中の「豊かさ」の真実を大事にしなければならないだろう。

そうなると考え方として一つの価値、一つのものさしだけでよいとか悪いとか、幸せとか幸せでないとか論ずる論じ方ではなく、もうちょっといろんな角度からものを見る必要があるだろう。子どもの幸せを願わない親はない。しかし、子どもの不幸せは放射能被曝によって健康が害されることだけではない。

その人の人生の幸せは、棺を覆ってみて始めてわかるという言葉があります。もの豊かな社会でありながら孤独死が問題となっています。健康で病気はしていないけれども、だれからも相手にされない孤独な人生の閉じ方だったとしたらそれは不幸だと思う。しかし、もしガンになったとして苦しいかもしれないけれども、手を取って慰めてくれる人があり、支えてくれる家族や友人、知人に囲まれて死ねたら、それは幸せな死なわけです。幸せは社会的な関係なのです。

そうすると食の問題というのは生産と消費のバランスが大事です。放射能汚染の問題もその見方で考え直してみる必要がありそうです。福島の子どもたちや農民の立場・状況に思いを馳せ、心を寄せることが大切だと思うのです。その上で放射能の危険を見つめつつ、怯えない。ガンになる不健康な食は改めつつ、しかしガンになることだけに過敏な恐怖感をもたない。

「足ることを知り、生活もまた簡素にして諸々の感官静まり…」

中嶌　槌田さんのライフスタイルと重ねながらちょ

っとご著書（『共生共貧』2003年、樹心社）を読んでいたのですが、槌田さんが引用されている仏陀の「生きとし生けるものは幸せであれ」というその前提の部分が実はあるのです。「足ることを知り、わずかな食物で暮らし、雑務少なく、生活もまた簡素であり、もろもろの感官が静まり……」（『ブッダのことば』宮本啓一著、2009年、春秋社より）を基本にする生き方ですね。

私は若いときにはこの部分が見えないでいました。ビジョンの面だけに目がいっていたところがあるのです。

つまり原発を止めたら今までの生活ができなくなって、貧しい暮らしに戻ってしまうというイメージにどうしても支配されてしまいがちです。しかしこの「足ることを知り、わずかな食物で暮らし、雑務少なく、生活もまた……」というライフスタイルは本当に貧しいのかどうなのか、よく考えていく必要がある。

槌田　そうなのです。「適当なときに食と衣とを得て、少量に満足するために、量を知れ」ともお釈迦さんは語っています。欲張らず腹八分目の生活です。

中嶌　これもまたやはり自発的に選んでいくべきなのですね。かつての国策の戦争を推進したときのスローガンが「欲しがりません。勝つまでは」とか「贅沢は敵だ」と。とにかく「勝つまで我慢せい、我慢せい」というもっぱら滅私奉公。自分の願いをことごとく抑制しろといわれた。美辞麗句ではあるが、その内実はみんなに無理やゆがみを押しつけていたわけです。

槌田　無理強いの節約だから、敗戦後その反動が出る。

中嶌　だから戦後のマイホーム主義やグルメブーム、あるいは最近の「自己中」という言葉。そういう自己中心に欲望をどんどんエスカレートさせていくという生き方。団塊の世代の親たちは戦前の滅私奉公ですごく抑圧され、やせ我慢を強いられてきた。その反動で今度は滅私奉公ではなく滅公奉私となり、その欲望が全展開していく形になってしまった。そういう気もしないではない。

槌田　原発の事故を、僕はバベルの塔の崩壊というイメージで見たのです。神のいる天に近づきたいということで巨大な建造物を建てたが、天の怒りで崩れます。大量のエネルギー消費の豊かさを疑わず、その限度をわきまえない貪欲が怒りに触れたのではないか。傲慢さに対する神の怒りなのです。

傲慢さというのは科学技術の傲慢さですが、あるいは経済的な豊かさは貧しい者に対する差別、抑圧によって実現してきているのです。この豊かさに対する天罰、そして天の戒め。私たちはそれをここで受け止めるか受け止めないかという重大な岐路に立たされていると思います。

しかし、受け止めるか受け止めないかもなく、この豊かさは続かない、つぶれる段階にきています。連想としていえば、ソビエト社会主義はチェルノブイリ事故の4年後に崩れているのです。日本の社会も4～5年後には崩れ始めるのではないかと予感します。

ソビエト社会の崩壊の一番大きな問題としていわれるのが農業政策の失敗でした。そして農業の崩壊。要するに豊かさ競争においては農業を基礎にもって始めて成り立つのに、農業を軽視して背伸びをした。社会主義の優越性だけが論じられたからです。その自信を失いかけ始めているときにチェルノブイリの事故でした。

日本の場合も同じ条件が進んでいるわけです。農業を切り捨てることによって幻の繁栄を実現して、ジャパン・アズ・ナンバーワンとおだてられ、のぼせ上がったのです。それが今、失われた10年、失われた20年と自信を喪失してきています。

金主主義の崩壊

槌田　この自信の喪失に決定的なダメージがかかるという意味でいうと、ソビエト社会主義の崩壊と同じようなイメージで見えます。僕は日本の〝金主主義〟の崩壊が始まっているとみています。

中嶌　拝金主義ですか。

槌田　もう少し広い概念で考えています。「拝金」というのは生活態度を示しており、金主主義の一面なのです。重要な一面ですが、あくまで一面です。金主主義というのはもっと構造的なことなのです。お金の、お金による、お金のための社会と政治。全体を包んでいます。これは戦後民主主義を捨てた昭和30年代、高度成長とともに日本の社会に定着していった。昭和30年に保守合同で自民党が発足し、そのわずか数年後から原発を推進し始めた。すべて金、カネ、金です。

その金主主義が本当に自信を失って崩れ始めてくる時期に、福島原発の事故が起こった。だからその崩れていく時代をどういうふうにして受け止めるのかという課題を提示することが必要になってきている。

これは福島のことを遠い世界のことと思わずに、課題にする。そしてそれを課題にすることと文明をどう選ぶのかという問題が問われている時代なのだと思うのです。

中嶌　本当にそう思います。

バベルの塔のお話をされました。私はアメリカの9・11のタワーが崩れたときもそれを思いました。同時にあのツインタワーだけの問題ではなく、高層ビル一般もだけれども、原発ドームもそうなのではないか。象徴的なものだと思いました。

今、私の危機感は戦争末期の問題とまたよく似ているような気がします。沖縄のすさまじい状況が6月23日。そのあと8月6日、9日と広島・長崎です。

福島が起こった。もう目を覚まさなければいけないけれども、まだ福島だけでは目が覚めていない現実がある。完全には覚めていません。沖縄、広島、長崎に相当するような第二、第三の福島が連発しないと日本は目覚めず変われないのか。

槌田　と思いたくありません。

中嶌　ですね。だから若狭も本当にすごい危機感があるのです。

それとさっきの文明の問題、ここまで行き詰ってきた。これは日本だけではなくて、世界的にもうそうなってきていると思うのですが、行き詰ってきている中で、ではさっきのお話の旧ソ連が崩壊したけれども、次にきた体制なり社会が本当によかったのか。資本主義の勝利などといってるうちにアメリカもEUもガタがきた。そのモデルは一体どうなるのか。日本もここまできて変わっていくためには、どういう中身の変わり方をしなければいけないのかというのが本当に問われていますね。

槌田　理想をもたず、愚劣故に崩れたのですから、当然でしょう。これは日本の現状のいい加減さの反省から始めないと時代の激変を受け止めることはできません。

「初めに言葉ありき」です。これはバイブルの言葉ですが、言葉がいい加減に使われているということが実は大きな問題ではないかと思います。たとえば「経済」という言葉も歪んだ常識で使われています。

中嶌　経世済民が本来でしょう。

槌田　そうです。ところがいつの間にやら経済というのはお金になってしまった。経済学者といわれる人たちの多くが株の上がり下がり、景気のよしあしの問題ばかり言っているが、本当に人びとの幸せの問題を問うているだろうか。目先の利害打算の金勘定が「経済」という言葉で語られています。

経世済民というのは本来福祉につながる言葉です。そういうふうに言葉自体がもう全然捻じ曲がってしまっている。その捻じ曲がった言葉でいくら口角泡飛ばして議論したところで、出口が見えるはずがない。

そういう意味で一体何が問題だったのか、何がわれわれの課題になったのか、一から考え直すべきである。基本的に言うと、僕は生きているという確かな事実を問わなければならないと思うのです。

今自然科学的な領域からいうと、生命も分割され、細かく細かく分けて、遺伝子がどうの、何がどうのと、医学も全部ばらばらになっています。部分知の科学なのですが、これで真実が見えるだろうか。もっと綜合的全体的にものごとを認識することが大切なのでしょう。幸せがお金にからめてしか捉えられない現実になっています。

そうすると僕は、中嶌さんのような宗教家に期待するのです。宗教の役割がものすごく大きくなっている。生きているとは何か。いのちの世界については人知を超えた神秘的な事柄がいっぱいあるのです。

「全てのいのちに幸せあれ」とお釈迦さんは語った。これをもし自然の哲理だとすれば、生物は素直に生きたら幸せになるようにつくられている。法蔵菩薩の衆生救済の本願が成就したから阿弥陀仏になったといわれますね。煩悩に押し流されることがなければ、すべての生物は幸せに生きられるようになっているということなのでしょうか。

生きることが必ず死に結びついているとすれば、死ぬこともまた幸せの一面でなければならない。ところが死を忌み嫌う世界で、臓器移植など、延命願望の技術は人を不幸にします。汗をかくことはつらくてしんどいのだけれども、健康に生き続けるためには大切なことです。微妙な生命の仕組みです。ところが冷暖房による快適をよしとして、生命の自然にさからって不健康になっている。

〝資源のない国 日本〟という発想の貧困を乗り越える

宗教を取り戻す

中嶌　今の時代は死の問題が切り捨てられていて、生へのことばかりです。それに執着するような生き方になってしまっています。

般若心経に、「不生不滅　不垢不浄　不増不減」というのがあります。「不生不滅」というのは、「生き、滅する」つまり生死です。次に「垢」と「浄らか」、そして「増減」です。これは現代的な私なりの捉え方なのですが、「生滅」というのはつまり生命、生物のレベルのことで、「不生不滅」というのは生死どちらか一方だけを見てはいけないということです。死のほうにばかり目を向けて暗いニヒリズムに陥るのもよくない、反対に生のほうばかり見て生を貪るのもよくない。そのバランスを考えなさいということ。

槌田　生きることはバランスなのですね。

中嶌　「不垢不浄」というのは人間の意識なり、感情なり、価値観です。穢れている、浄らかだ、これは美しい、これは醜い、これは善だとか悪だとかいう人間の意識、価値観にかかわる領域なのです。

「増減」というのは物理、化学あたりのような、数学が一番の基礎にある捉え方です。数量的に物事を捉えていく、増えた減ったということで一喜一憂する。本当は増減、両方の現象があるのですが、それを対立的に捉えて、どちらかに執着していく。減っていくと悲しい、惨めだ、増えていくことはいいこと、大きいことはいいことというように常に量的、数量的に物事を捉えていく。断然、この自然科学の根底にある、数量を扱う問題が占めていると思います。

槌田　僕らは戦後、物事を、「大きくなることはいいことだ」できたのですね。大きいことがいいこともあろうが、小さくなることもいいことがある。あるいは大きくなることが進んでいるときに、別の観点から見れば、その裏側で小さくなることも同時にあるんだという、そういう物事の広がりを見失って、単純化する世界で物量豊かな世界を善しとしてきた。

その価値観そのものが今、問われている。般若心経に—中嶌さんを前に釈迦に何とかですが—、「遠離一切顛倒夢想（おんりいっさいてんどうむそう）究竟涅槃（くきょうねはん）」というのがある。転倒した価値観の幻想世界にさまよっていることから離れなさい。そうすると涅槃の世界に至ることになる、というわけです。いま僕らはどれだけ逆転した価値観で生きているか、認めてはならないような考え方で善しとしている。その転倒、倒錯からどれだけ「遠離」できるかということが問われている気がするのです。金銭利害の経済観だけでなく、物量生活の幸福観などの顚倒夢想からの遠離が課題なのでしょう。涅槃寂静の世界がどのような世界かはわかりませんがね（笑）。

ウオーキング・メディテーション——歩く瞑想

中嶌　私たちにとってそれは永遠の課題です。「生きとし生けるもの、幸せであれ」というのは理念、ビジョンとして非常にすごいのですが、現代社会の環境のもとではなかなか実感しにくいのではないか。私は毎月6と9のつく日に近在の三つの集落で被爆者援護の托鉢を26年間やってきましたが、こういうことをやると単に理念としてでなく体で実感できるかなと感じています。

托鉢というのは歩く、ウオーキングなわけです。ウオーキング・メディテーション（瞑想）かなと私は思ったのです。それに対して座禅はじーっと座って行なう、スタティック（静的）なメディテーション。いわばウオーキング・メディテーションたる托鉢行というものを昔の坊さんがやったのはすごくわかる気がしました。

托鉢、ウオーキング・メディテーションを毎月やっていると、春夏秋冬、季節が変わっていくのがハッキリわかります。ましてこのような村の道ですので、川沿いの道だったり、山すその道だったり、田んぼの脇を通ったりする。そうして歩いていると道端の草花の様子が四季折々変わっていくし、虫も違ってくるし、時には蛙やら蛇やら亀の子が這い出してくる。五感を全開しながら歩いて行くと、蛇でも草むらからにょろにょろと自分の前に這い出てきても、恐怖感、嫌悪感よりも、何か親近感、いとしさまでが出てくるのです。「おいおい、こんなところを這って道を横断したりしたら、車にひかれるぞ」なんてね。「生きとし生けるもの、幸せであれ」というのが単なる観念、理念、ビジョンとしてではなく、自分自身が実感的にそう思いました。

まだ自転車やオートバイに乗っている分には、風を感じたり虫の声が聞こえたり、川のせせらぎも耳に入ります。でもマイカーになったらだめですね。まして新幹線だったら、その走っている道端にどんな草花が生えていたり、どんなちょうちょが飛んでいたり、そんなのは見えも感じもしない。

槌田　四季を感じる豊かさの幸せですね。

中嶌　それから毎朝お勤めしているのですが、最初に真言宗のやり方でいろいろと印を結んで、自分の体と、口に出す言葉と、そして思いと、その三つの「身口意」（しんくい）が渾然一体となって浄められますようにという所作をするのです。そのときは自分自身の肉体をまざまざと感じます。

ちょっと長めのお経を読んでお勤めを終えて最後に同じ所作をするのですが、すると今度は、宇宙全体とその自分の「身口意」とが調和し感応しあうということを、年とともにイメージし、実感するようになりました。

昔の坊さんたちは、病気になって仲間の坊さんに知らせるときに、「四大不調」という言葉を使いました。四つの大きな不調です。つまり自分の体が調和を害して病気になったということです。その「四大」とは、「地、水、火、風」です。これはインドに限らず、ギリシャでも、中国でも、世界共通に宇宙、森羅万象の根源的な要素として、「地、水、火、風」の4元素を考えました。

仏教でもそういう考え方をしていて、つまり人間の肉体はまず「地」の部分からできています。「地」から生いたった植物や動物の命を犠牲にしながらいただいて、この肉体は形成されている。「水」の部分は外界の水分で、人体でいえば血液です。水がなくしてはだめです。

「火」の部分は人間でいえば体温、温度。外にある「火」的なものをやはり取り入れる。そして「風」は呼吸でしょう。呼吸できなくては私たちのいのちは存続できない。

外なる四大と自己自身を形成している四大とが調和、ハーモナイズしているから健康が保てる。それが不調をきたすと体調を壊すし、病気にもなる。外と内、何か自己がこっちにあって、外側にある自然を分析し、観察し、という科学的な捉え方とちょっと違います。外界と自分（人間の主体）を二つのもので一つのもの、一体的に、調和的に捉えていくということです。

私たちは目に見えない大きな世界に導かれている

中嶌　現代の最先端の科学は、人間いかに生きるのかという肝心要なところを抜きにして、精密に細分化し、分析して、世界も人間も捉えている。

もちろん科学だって私は今日まで解明しえてきたことのすばらしさはあると思っています。しかし、何十億年、何百億年の物理の世界から生物の世界があって、人間が登場して、人間の意識に至る、そういう長い長いとてつもない進化の歴史があって、今日があるのではないか。科学はその全容を解明しきれるものではないのではないか。分析的な捉え方だけでなく、一体的、調和的な捉え方も絶対に必要です。

槌田　長い歴史を生きてきたということは、与えられた環境にいのちが適応できたから生き続けてこれたということですね。天与された環境のエリートが現生の生物ということになる。僕はあらゆるいのちに幸せあれというのは、じつは実現していることではないかと思います。

中嶌　気づきさえすれば実現しているのです。

槌田　救われているはずだ。例えばおいしいものを食べて、なぜそれがおいしくて幸せなのかというと、たいてい健康によいからです。ですから鳥の声を聞いて幸せと感じるのは静かな平和な空気を感じて、安心する。安心できる環境の中で生き続けてこれたという歴史を背景にして鳥の声やせせらぎに心が落ちつき、安心できるのでしょう。

それに対して、安心して生きられない状態ではいのちの危険があり、つらい感覚が生じます。例えば病気になったときに辛い、しんどい、これは不幸のように見えるけれども、その厳しいしんどさの中で自然治癒力が働いて病気が治っていく。私たちは大きな予定調和の中で生かされているのでしょうか。

要するにこれは仏教的な、煩悩即菩提（ぼんのうそくぼだい）みたいなことに相当するのかもしれませんが、苦しんでいること自体の中に救いが予定されている。それを生きることで繰り返してきて、生き続けていく力を与えられている。そのことに自信をもつか、それを無視し、自分の観念でつくった幸せな世界を物量的に実現することがいいことだ、幸せなことだと錯覚するか。

この岐路にじつは立ってきたのだけれども、われわれはともすれば物量世界の側の目に見えるほうのことに流されてきた。目に見えないもっと広がった大きな世界で導かれているということを忘れてしまっている。

もう一度ここで強調したいのですが、物量的世界というものは何によって実現しているか、地下資源の利用なのです。これは結局非再生であり、幻なわけです。永続可能性をもたないのです。そして科学技術が進歩することはいいことだというふうに思っている、その傲慢さが今回、破綻したのではないのか。

もう少し人知の小ささに謙虚になる、と同時に天与された生きる力にもっと安心する。そういう道筋をこれから本気で考える必要があるのではないか。そんなふうに思うのです。

明治以降日本の総反省を

中嶌　戦後だけでなく、歴史的にもかなり長めのスパンで反省をしていく必要があるかと思っています。

戦前の侵略戦争推進の国策は人々に災厄をもたらしました。なのになぜ国策としての原子力政策がここまで進められたのか。戦後の原発推進政策はもう戦争政策に匹敵する大変な国策ではないか。でもなぜこんなものが出てきたのだろうと宗教者の有志の間で議論を数年間やったのです。

その中でわれわれ宗教者や教団自体が戦前の国策に対してどういう態度をとっていたか。結局、これは科学者、文化人、教育者など、全ての分野で問われることです。かつての戦前の国策、戦争政策にどういう態度をとっていたか。

戦後、同じ過ちを繰り返してはならんはずです。そして戦後の典型的なこの原発推進政策の国策にどう対応すべきかということも論議してきました。

もう一つ。その戦前の戦争推進政策、国策なるものが一体どういう過程をたどってそういうものになってきたのかということも議論になりました。

少なくとも日本の近代の歴史の発端の部分とその前の社会状態がどうだったかというところまで、反省をする必要があるとなりました。

槌田　なるほど、大事なことですね。

中嶌　一つの象徴的な近代の歴史的事件として、巨大な黒船来航が問題になったのです。ペリーの黒船が4隻やってきましたね。この軍艦の名前に関して驚いたことがあります。

私はスリーマイル事故の翌年に「ノーモア・ヒバクシャ訪米代表団」の一員として原爆被爆者と一緒にアメリカへ行きました。そしてスリーマイルの現地も見たのです。スリーマイル原発はサスケハナ川という川の中洲にある。現地住民の言葉で「泥の川」という意味なのですが、確かににごっていました。大きな川の中に周囲がスリーマイルある中州があり、そこに原発が建っているのです。帰ってきてびっくりしたのは、ペリーが乗っていた船の名前が「サスケハナ号」だったことです。日本の軍艦でも川や山の名前をつけていますから、ペリーがペンシルベニア州出身でその主要な川の名前を軍艦につけたのかと思います。

4隻の船からすごい衝撃を受けて、脱亜入欧、文明開化、富国強兵へ。はしょりますが、その路線を驀進した結果、アジアの国々を侵略し、いじめ、自らも沖縄、広島、長崎の悲劇を被り、さらに全国大空襲に遭って、大破局を迎えた。この歴史的な経験もやはり踏まえなければならないだろうと思います。また再び戦後と同じ道をたどりなおさないためにも。

槌田　あの黒船を見たときは、アジアの大国・中国さえもが欧米の植民地支配の危機の前でたじろいたのです。日本人の中にどういう思いがあったか。それは劣等感と恐怖感でしょう。敗戦のときに経験したのも日本の惨めさでした。貧しい日本と物豊かなアメリカとの対比から、対米劣等感と物的欲求不満。そして対米追従の卑屈さが戦後の日本を支配しました。欲求不満、ハングリー精神による進歩について反省した上で、もっと前向きに、別の自信をもった文明観が必要なのではないか。それが今求められていると思います。

そうすると何か。

僕はこう思います。生きる力は人間に与えられているんだということに自信をもつ。

生きるためには自然風土の中で、草木の緑と共に生きてきた当たり前の生き方というのがあった。そういう立場からいうと、自分たちで作りだす、あるいはモデルがあって、優れたものに劣等意識をもって追いかけるというのではなく、与えられたものに自信をもってそれを生かすということになるのではないか。

とすると「資源のない国、日本」という貧しい発想をまず乗り越えないといけない。地下資源なんかなくたっていい。もともと資源なんていっている地下鉱物資源にせよ、化石燃料にせよ、これはなくなるものです。ウランだってやがて掘って使えばなくなっていく。先の見えているものに依拠しているのは根の浅いことだと確信しようではないか。

そうだとしたら今度は日本の緑豊かな風土を生かして生きる。そして生きるということは死ぬこと。それを恐れない。長生きすることも幸せになれば、早死にすることの幸せだってあるかもしれんぐらいに思って。

そして、生きたら必ず死ぬのだから、生まれてくる世界に健全につなぐときに数が増えるか、減るか、意識はしない。もっとみんなが生き生きと生きられる状態をどうしたらつくれるかという発想で前向きに転換したらどうか。

資源という言葉は地下資源を意識する言葉だけれども、それは錯誤です。言葉は本質的に一体何を意味するのかということに戻ってみますと、少々言葉遊びが過ぎるかもしれませんが、資源は英語でResourceです。それではresourcefulはどういう意味でしょうか。知恵に富んだ、器用な、発想豊かなということです。資源も人間にある。要するに人間は工夫しそれを生かす知恵があれば価値を生み出す。知恵が働かなかったら、工夫しなかったら、あるいは汗を流す努力をしなかったら、価値は生じないわけです。

ものとしての資源観から人間の資源観に変えるような発想の転換だろう。無いものねだりの後ろ向きな未来観ではなく、無ければないで無いなりに、無いものねだりをしない。

天与された風土で生きる

中嶌　歴史的に見れば過去にいっぱい宝があるのだけれども、さっきの黒船のことに関して言いますと、「太平の眠りを醒ます上喜撰、たった四杯で夜も寝られず」という歌がありましたね。この歌の歴史的なプラス・マイナス両面を見ていかなければならないと思います。

もしあの維新がなければ確かに欧米に侵略され植民地にされてしまっていた面もあるかもしれません。歴史はそうなかなか単純には進みませんから、よく全体を見ていく必要があるとは思っています。

しかし私は当時の文化人、知識人がやはり大騒ぎになって、欧米に追いつけ、追い越せという恐怖感と使命感でひっくり返っていたときに、やはり文化人の一人がこの歌を詠んだと思います。

上等のお茶を4杯飲めば確かに夜眠れなくなるだろうという話です。その冒頭の「太平の眠り」の中身、黒船が来る以前の日本の社会が本当にだめな社会だったのか。

太平の眠りが育んでいたその時代の豊かな自然から生み出された庶民の生活や、いろんな文化生活、伝統、江戸時代のリサイクル文明がよく評価されます。そういう問題を含めて、やはり黒船によって覚まされた太平の眠りの中身のいい面、悪い面を見直さなければならないと思います。

あの封建時代は端にも棒にもかからない、何も取るべきものはなかった時代だと切り捨ててしまうところに、すごく問題があるのではないかと思っています。

槌田　欧米の人たちが幕末の日本に来て庶民の文化、あるいは生活の清潔さに感心していますね。当時の日本人は欧米からも尊敬を得ていたのでしょう。

それに対して、明治に入って欧米を追っかける脱亜入欧によって潜在的な劣等感が生まれた。その劣等感の裏返しが一等国日本という、大日本帝国の優越感です。貧しい国々に対する蔑視、差別の歴史をつくりました。戦後も経済的に豊かになって、ジャパン・アズ・ナンバーワンといわれると、浮かれてしまう。そこにも自信の欠如というか、欧米世界に対する羨望と卑屈の気分が漂っている。

そこを乗り越えて、今この経験をしたのだから、地震で取り返しのつかない、起こってはならないことが起こる状況を起こしてしまったのだから、そのことに学んでもう一度確かなものに戻ろう。

確かなものというのはいくつかあるが、最も確実なことは生まれたいのちは必ず死ぬということと、生きるためには太陽エネルギーを緑の世界で受け止めて、食をいただく。それで生きているんだ。これ以外の生き方というのはないのです。

すべての生命活動は太陽エネルギーを通じて起こっている。日本は緑豊かなこの風土を与えられているのに、資源がない日本などという、幕末の、あるいは戦中の劣等意識に支配されてはならない。劣等意識の裏返しが、日清日露やその後のアジア侵略になっていくわけですから。だからそういう意味ではもう一度あるべき歴史の方向性をこの機会に悲観的にならず考える好機としたいものです。

中嶌　そうですね。私は3・11の1カ月ほど前に、国の「新原子力政策大綱策定会議」へ7件の意見を応募しました。その中の1件で、次のように訴えています。

「…そうした歴史的な反省とともに、無制限な欲望の追求を節する倫理は、個人間、社会のレベルだけでなく、いまや地球環境にかかわる生命・生態系のレベルまで広げ、深める必要がありましょう。

広範多岐にわたる原発問題なのですが、賛否両方とも、ややもすると自然科学の側面だけに偏し、社会科学、人文科学の側面からの解明がおろそかにされてきたのではないでしょうか。しかも、諸科学の専門細分化が余りにも進み過ぎて、根本的、全体的な視点、責任が不明確になっていないでしょうか。

…既成事実の重みに屈することなく、未来の世代と環境のために、広範な国民の意見にも耳を傾けていただき、深い議論と合意を見出してくださるよう期待してやみません」

3・11後の今日、その想いと願いを私はいよいよ強めています。公的な協議機関（その構成と運営も監視しなければなりませんが）だけでなく、広範な市民、国民もその議論に参加すべきでしょう。

槌田　もっともっと発言をしなければなりませんね。現在の政財界は依然、福島原発事故に陳謝どころか反省の気配さえもありません。脱原発に向けて、世論をもっと強めたい。そして一人ひとりが天与された風土で生きる、その調和する道を手探りし、脱原発の暮らしに自信をもちたいものです。

PART 3

脱原発は、いのちの原理に未来を託すこと

槌田劭（聞き手　四方哲）

生きることは、危険とともに生きること
——だからモノの関係を、いのちを土台に据えた人と人との関係へ

福島の有機農業者と「提携」していた消費者が半減した！

——放射能汚染社会を生きていくことになりました。

怒り狂っても真実は見えない。現実をあるがままに直視したいものです。何をなすべきかを冷静に考えそこなったら未来はありません。欲望に流されても、感覚的、感情的になっても、まともに現実を受けとめることも判断、行動することもできません。仏教では三毒、貪瞋痴*（さんどく、とんじんち）と言って戒めています。

＊三毒とは、仏教において克服すべきものとされる最も根本的な三つの煩悩、すなわち貪（むさぼり、ものに執着する）、瞋（怒る、腹を立てる）、痴（または癡。本能や欲望のままに動き理非のわからないこと）を指す。

福島の現実はきびしいのです。現在の福島市、郡山市は両方とも30万都市で、福島県中通りだけで100万人近い人が暮らしています。ここで1年半経った今も、毎時0・6マイクロシーベルト以上の被曝線量の地域が散在しています。この数字は、一般人の立ち入りを禁止する法令基準値を上回っているんです。放射線管理区域、一般人立入禁止レベルです。

今もそんな避難・疎開すべき地に福島の子どもたちは住んでいます。心の痛むことです。人は疎開したらいいのにと簡単に言います。でも疎開するということはどんなに大変か。疎開してくる人たちを温かく受け入れる世の中を私たちはつくっているのか。恥ずかしいことですが、今の世の中、モノは豊かですが、心貧しく冷たいのです。被災者に「放射能がうつる」などという全く非科学的な言葉を投げつける差別さえあります。これが私たちの社会です。もっと温かい社会でないと…。

疎開を奨めても簡単に疎開できないのが現実です。どう考えていけばいいのでしょうか。手を差し伸べるという以上に、私たち自身が社会をどう変えるのかという責任があります。電気を煌々と点けている生活を真剣に問い直さないといけない。

福島の農民はどうでしょうか。福島には優れた有機農業者がおられます。そこで多年にわたって大事に土を育ててこられた。その土が高濃度に汚染させられた。「そんな放射能汚染の農作物は食べたくない」と気楽に言うだけではすまない問題だ。

しかし福島の有機農業者が提携していた消費者グループは半減したんです。そして〝安心、安全〟に熱心な消費者ほど「放射能汚染はいや」と言っている。この間に心の関係はあるんでしょうか。私は打ちのめされている生産者のことがどうしても気になります。

これまでの暮らしを反省せず、社会のあり方を考えずに〝安全な食べもの〟だけを切り取って要求しているのか。そう考えて「使い捨て時代を考える会」の活動をしてきたんだけど、現実にどれだけの会員がそのことをわかってくれていたのか。そのことが放射能の問題で今、問われていると思います。

――使い捨て時代を考える会では、最初のころ、虫食いだらけの野菜を扱ってそれを「素材」としていろいろ考えてこられたと聞きます。

お金で取引される商品なら虫食い野菜は敬遠される。問題にされるでしょう。しかし私たちは、無農薬を願ったのです。だから、疑問が生じたら話し合う。虫食い野菜の畑で生産者も考え込むのです。消費者も共に受け止める。そこから有機農業は始まるのです。そのことについて理解を深め合う。私たちはこの野菜を「考える素材」としたんです。

混乱があるから人は考える。意見が違うから人と人の会話が成り立つ。「そうだそうだ」となったら、矛盾がないから深まらない。場合によっては危険に流されることがある。そういう意味では矛盾があるほうがいいと思います。

だから問題が出ることは、歓迎するんですが、ただ現実の中では妥協が進んでいきます。

使い捨て時代を考える会も40年以上たつ中でかなり

槌田劭 氏

使い捨て時代を考える会相談役。1935年、京都市生まれ。京都大学理学部卒業。科学技術に疑問をもち京都大学を辞職。1973年、使い捨て時代を考える会設立、理事長として運動を牽引。

堕落したと思います。

無農薬を目指す運動ではあっても、無農薬を要求する運動ではない

――今、会のあり方が問われているということなのですね。

生産者と消費者が互いに身を寄せ、心を通わせ合おうというのが有機農業の基本です。私たちの会が始まったとき、私たちの運動は無農薬を目指す運動ではあっても、無農薬を要求する運動ではありませんでした。今でもそのはずです。現実を離れて無農薬を求めるなら、それは利己主義というもの。

そうしたら、虫食いはいやだ、見ばえの悪いのはご免だなどといって現実に農薬を使わざるを得ない農業を農民に強いてきたんだから、農薬のかかっているものでも汗の産物であり、いのちなのだから感謝していただこうというのが、私の主張でした。

そして無農薬をよびかけ、生産者は、高く売れるからではなくて、消費者との関係の中で無農薬のものを提供できる喜びで、農民は無農薬へ向かって努力する。人間的な働きかけで変わっていくことを僕は期待した。

だから農家のおばあちゃんと会話をします。「農薬は危険な毒ですから無農薬でつくってもらえたら嬉しいです」と言いますと、「クスリを使っちゃあかんのですか？」

それに対して私は「良いとか悪いとかじゃなくて、食べる食品としては有毒でないものを私たちは期待しているんです」と話しました。そして、「あなたのお家でお孫さんに食べさせてもいいものであるなら、私たちもいただきたい」と。

おばあちゃんなら、孫に毒を食わせてもいいと思う人はいない。だから無農薬のほうがいいと聞いていると、だんだん無農薬の方向に気分が向かいます。

有機農業運動とは無農薬でつくっている農家と無農薬を求める消費者の提携が標準です。

農薬を使わないのを善しとするかしないかじゃなくて、農薬を使うという現実を認めた上で無農薬を目指そうという運動が有機農業運動です。農薬や化学肥料を使わないとやっていけないお金中心の金主主義時代になってしまった現実を直視し、その現実を反省し、改める世直しの運動として始まったはずなのです。狭い利己的な消費者運動ではありません。

――放射能汚染された農作物は危険だからいやだと

いうのは当然ではないですか。

消費者が分析して、この食べものを「買います」とか「買わない」とか決めるのは、「商品」としてなら当然だと言えます。しかし生産者がその食べものを育て、それを食べておられるなら、その関係の中で測定するなんていらんことです。私は測定して品物を選ぶという関係に立たないほうがいいと思います。

それでも福島の有機農業生産者は、自分が育てたものを測定して安全であることを確認してから出荷しているのです。出荷する生産物に心を込めておられるからです。

いのちの糧を生産者につくっていただいている。それをつくっていただくことに感謝して消費者は受け取るし、消費者はそれを安定して消費することで、生産者が無農薬でつくることに喜びを感じてもらえる。そういう関係をつくることは簡単ではありませんがそうなることを願っています。

放射能の危険はもちろん問題です。が、そういう危険を現実のものにした、原発を受け入れてしまった社会の問題として考えることもそれ以上に大切だと言いたいのです。

現実的な対応を考えると測定することももちろん大切です。商品として流通する現実では、政府・自治体がしっかり測定するべきで、そのデータを公開することで、はじめて食の信頼が得られます。しかし政府は無責任ですね。

安全だけを求める「お客さん」でいいのか

農家にしたら出荷できて、生活が成り立つのです。都市に住んでいる消費者が放射能に汚れているという事実だけに注目してそれを食べたくないとか、拒否するとか、そういうのであればそれはエゴイズムなのではないでしょうか。

とくに福島の有機農業グループが提携していた都市の住民グループが、半分以下になってしまったという打撃を受けました。とくに熱心な人ほど離れた。やっぱりショックです。それはつまりモノの関係だったと思うんです。有機農業の底には、人と人との関係があったはずなのですが、今それが問われています。

大手の流通は値段で決まります。政府が安全だというとそれで買うお客さんを相手にしています。

有機農業の場合、安全だけを求める「お客さん」になっていたらどうなるか。放射能の危険を知れば産消の提携は切れてしまいますね。しかし「顔の見える関係」はお互いを知り合い、心を通わせ合う人間の関係だったはずなのです。もし安全を求める気持ちが生産者と消費者の間に家族のように共有されているのなら、生産者の苦悩を我が事《こと》のように理解できると思うんです。

安全、安心が商品のブランドになってしまった。JAS認証はそういうことですね。有機農業が量的に拡大することはよいことですが、反省を欠いた流通の問題がそのままということでよいのでしょうか。

有機農業は共生の思想を基礎とし、多種無数のいのちの支え合いがバランスをとることで成立します。顔と顔の関係、というより心と心といったほうがいいと思うんですが、お金とモノの取引ではないのです。いのちを育み、いのちを支える考え方で、生き方と社会のあり方を変えようというのです。

――使い捨て時代を考える会に安全、安心な食べものを求めて入ってくる新入会員さんに槌田さんの考えは伝わりますか。

簡単ではないですね。世の中の変化が大きく、モノ豊かな時代の常識と向き合うことになります。今度の福島の問題が起こってもう一度、その原点への回帰が課題化し始めました。

初期のころも問題が起こるたびに「不健全な常識」「健全な非常識」といいながら、お金で動く世の矛盾を話し合いました。農薬の問題だけではありません。〝見かけ商品価値の悪い生産物〟をめぐってはまさに「考える素材」でした。スの入った大根だけでなく、夏に黄身の崩れた卵を届けてしまうこともありますしね。そのたびに話し合いが行なわれました。

最近はだんだん慣れてきた。生産者もそういう品物はつくらなくなりました。だから入会に際して手続き的な話だけで入ってくる人が多くなってきた。

今度の問題が起こって僕が積極的に「福島の農民に寄り添おう。福島の野菜を食べよう」と会員懇談会などで直接話した人は概ね理解してくれます。

それに対して断片的に聞いた人、「槌田はけしからんことを言う」という雰囲気で情報が伝わった人、そういう人には簡単にはわかってもらえないでしょう。これからの問題です。

直接、話している場ではいくつか意見が出ましたね。「子どもや妊婦、大丈夫なんですか?」

それについては、「当然、大人と違って感受性が高いんだから、避けたほうがよい。何より先の人生が長いのですから。それぞれの親が慎重に配慮されたらいいでしょう」と答えるしかない。でも、子どもの幸せを本当に願うのならモノの安全だけでなく、また自分の子どものことだけでなく、社会のあり方にももっと心を配ることが大切だと思います。

そのようなことを話し合って1年、今年の春より、福島の有機野菜を会は共同購入で取り扱っています。

福島の人たちに心を寄せる生き方で子どもを育てる

――以前ダイオキシン問題が大きく取り上げられましたが、今はあまり騒がれません。

ピタッとやんだでしょ。テレビで騒がれたことに乗っかって怯えるなんてそんなもんです。ものごとには真正面から向き合うべきであって、怯えによって騒いだり怒ったりというのは必ず時とともに消えていくんです。ニュースとともに消えていく。

放射能が今は話題になっているから人は問題にするけども、そのうちに話題になることも少なくなるでしょう。そのときにも忘れないように危険を見つめつつ、今程度の汚染はもう食べざるを得ない。

――今程度とはどの程度を指すんですか?

去年（2011年）決まった暫定基準は出荷・流通の規制のためであって安全の保証ではありません。甘すぎますね。こんどの基準は5分の1までになったでしょ。5分の1が適当かどうかについては僕は意見がありますが、いずれにしても適当かどうかということを政府に一方的に決めてほしくない。市民に開かれた場で、話し合って決めるべきです。

とくに原発を推進してきた「原子力ムラ」の連中に決めてもらいたくない。放射能はわずかでも危険です。原発事故でその危険をばらまいてしまった。その現実をどう受け止めるのかが市民社会の責任なのです。

しかし冷静に考えないといかんわけです。危険を一面で見るっていうことでは、町も歩けないですよ。

――といいますと？

漸減傾向ではありますが、交通事故で1年間に4600人も死んでるんですよね。そんだけ死んでいる道路を子どもを一人で歩かせてるわけでしょう。だから生きるっていうことは危険と直面しながら生きるんです。

そのときにそれが怖いからって愛情だといって子どもを外出させなかったり、抱え込んだりすることは子どもに対して真の愛情ではない。むしろ危険に直面させながら、どのように育てるかっていうことが大事ですよね。

つまり言いたいことは、福島で被害に遭っている人たち、悩んでいる人たちに心を寄せるような生き方で子どもを育てるほうがはるかに幸せではないでしょうか、ということ。僕はそう思います。

――槌田さん的にはそういう主張と、もう一方、原発事故被害をきちんと告発しなくてはいけないということもありますね。怒りを組織するような運動も必要ですね。

我が事と認識しなかったら怒りにならないんです。テレビの前の観客ではダメ。原発の危険は現実の問題です。福島の人たちが苦しんでいるんです。福島ではこんなもんでは済みません。福島の人たちにとって毎日食べている量はもっと多いんです。

原発への怒りは、福島の人たちに共感を寄せてはじめて本物の怒りになる。そして、近隣の原発事故を考えたら脱原発への努力を強めることに自ずとなるはずだ。それを、怖いとか汚染された食べものはご免だ、だけではエゴイズムでしかないと思うのです。

生み、かつ産む――本来の「生産《いのち》」に依拠する社会を

いつの間にかお金儲けと同義になってしまった〝生産〟

――今主張されている脱原発ですが、原発を必要としない社会というイメージはあるんですか。

脱原発というのは大きく分けて二つの流れがあります。一つはエネルギー消費は今のまま続けたい。今の快適・便利な電化生活を維持したいが、そのエネルギーを代替エネルギーで確保する。

もう一つは小出さんも中嶌さんもそうですが、代替エネルギーがあろうがなかろうが原発というものは犯罪的なものだ、手をつけてはならない、手をつけるには科学技術的に危険すぎる、人道的・倫理的に未来の世代への罪だと認識すべき、というものです。千年万年の後まで危険な死の灰、放射性毒物を残すからです。利己的かつ刹那的な破滅への道です。手をつけて

はならない。なければないでどう生きるかというテーマを真剣に問わねばならない。そういう立場です。

つまり、文明選択の問題につながります。放射能が怖いという段階を越え、この先どのような社会を構想しなければならないのかが問われなければならなくなった。

僕が文明社会の未来を深刻に考えるようになったのは、40年前に使い捨て時代を考える会を始めたときです。まだ悩み多き若い教員時代のことですが、「槌田は気がふれた」と言われたんです。手づくり味噌をつくったりリヤカーで古紙回収を始めたりしましたから、狂ったと見られたんです。

僕にとっては狂気ではなくて、この工業文明社会は必ず没落するのである、没落した先に何を見るのかということを今から準備しないといけない。だからだれも理解してくれなくてもその準備をしようと。だから僕の反原発は、脱原発の要素をそのときからもっているわけです。

――工業社会は没落し、生産性は落ちるんだと。

今の繁栄が幻ですから、当然です。だいたい生産性っていう言葉が大間違い。生産は生み、かつ産むなんです。これは元来、いのちの言葉です。にもかかわらずいつの間にか生産性と言ったら金が儲かることになってしまった。石油生産って言ったって何もいのちは生産してないんです。モノとしての石油も生産していない。地下から掘り出しただけ、そして金が儲かっただけ、それを石油生産って言うんです。言葉の倒錯です。そして、倒錯した言葉では真実は語れない。希望も出ないのです。

だけど代替エネルギーによって、今の豊かさを維持したいと多くの人は幻想しています。自然エネルギーの限界を知らないからです。

「やっぱり電気が不足するなら当面仕方がないわな」「20~30年先になくすのも脱原発だから当面いいでしょ」ってことになる流れでは駄目なのですが、そうなってきてますね。その流れはすでに企てられています。関電や電力業界は電力需給危機だと言って、計画停電から始まって節電を呼びかけて脅している。電化された便利で快適な暮らしができなくなると困るだろうと。彼らは庶民の意識を馬鹿にし、原発の必要性を思い知らせることができると思っているのでしょう。

問題は二つあります。一つは原発ゼロ稼働だと本当に電力不足は危機的なのかということ。このことは昨夏（２０１１年）も、今夏（12年）も電力に余裕のあったことで、彼らの虚偽は明白となりました。二つ目は、私たちは彼らの思うような電化生活への執着に自縛されているのかということです。少なくとも今夏は節電に成果をあげて原発の不要を確認できた点で大成功でした。これから先が大切です。

倒錯した〝持続可能〟や〝幸せ〟ではなく、永続性を大切に

——代替エネルギーを主張する方は持続可能な社会ということをイメージしていますよね。

持続可能という言葉の定義がまたあいまいなんです。要するに今の「豊かさ」を持続したいという意味なのか。それとも未来まで可能な永続性ある暮らしや社会か、なのです。私たちが今、求めたいのは永続というべきなんです。そして、それは過剰消費のない慎ましく質素な暮らしです。

——でも、次の社会のイメージは右肩下がりしかないんだよって言われるとみんなショックじゃないですか。

ショックですよ。でもそんなこと当たり前なんです。だいたい今までが幻を見てきたんですから。要するに地下資源に頼る文明っていうのが幻なんだと。僕の年来の変わらぬ主張です。『工業社会の崩壊』（四季書房）は40年も前、京大を辞めるときの記念にまとめたものですが、再生不能で消耗する地下資源を利用する工業文明に持続性も永続性もないのです。工業文明の没落は避けられません。

そこでわれわれはどういう未来社会を構想するのか。未来社会というのは自分が幸せであるように、未来の子や孫も幸せに生きてほしいということから考えるわけですが、幸せという言葉もまた人によって違うことが一つ問題としてある。

子どもの幸せを願わない親はいなくて、例えば受験勉強で子どもの尻を叩く。これも親の愛情でしょう。しかし受験勉強で子どもの尻を叩くことは一種の親の暴力ともいえます。一種のＤＶ（ドメスティックバイオレンス）ですよね。「勉強しなさい！」「もうあんた受験生でしょう、何時間勉強しなさい！」。これ精神的なＤＶです。

本当に子どもがそれで幸せになるのならいいですよ。だけど本当に幸せにしてあげたいと思ってやってるんですか？　競争に勝つためにやってるんでしょう。そうするともうそこで勝ち組と負け組をつくる競争社会を前提にして、そこでの勝ち組の側に立ちたい

という思想に立っているわけです。こんな社会は大間違いですね。勝者も敗者も不幸になります。

だからそういう仕組みで動く世の中、これは変えないといけない。農業でいえば、大型機械や化学肥料や農薬を使ってやるような農業も絶対永続的ではない。工業文明の崩壊とともに終わりになります。

だけど、そんなことを言っておったんでは食っていけんとなる。でもね、このとき「食っていく」という言葉の意味が変わっているんですね。これは文字どおり「食う」ことではなくて、大きなテレビやエアコンがあり、派手な冠婚葬祭をやり、場合によっては収入が多くて大金持ちのように高級自動車の1台ぐらい百姓でも持ちたいわということを、「食う」という言葉で表現しているんです。理不尽な社会的収奪さえなければ、食べるものを畑で育てる百姓が食えないはずはないのですが、ここでも言葉が転倒しています。都市並みの生活にあこがれる欲求不満を引きずっていては幸せはありません。コンクリート砂漠で生きるのと豊かな緑の中で生きるのと、どちらが幸せなのでしょうか。

――食べること、食糧と農業の問題が基本的に大事だというのが槌田さんの年来の立場ですね。

そのとおりです。生きることは食べることです。僕は戦後の欠食児童ですから食いものに目が行くんでしょうね。しかし、世の中がお金中心で動くようになって農業と農村がさびれ、衰えてしまいました。食糧自給率は40％といいますが、工業文明が没落すれば近代化農業も困難になりますから、実態はもっと悲劇的です。食糧危機と飢えが待っています。庶民の生活を守るために根本に立ち戻って考えなければなりません。

今の政治は生活を守るものではありません。金勘定の「経済」中心です。野田政権は原発再稼働に前のめりです。野田首相は「国民生活を守るため」の政治判断だと言います。福島事故から何も学ばず、「安全神話」に依りかかっているのも沙汰の限りですが、「生活を守る」とは正気を疑います。

野田さんが「暮らしを守る」というとき、福島の人たちがその生活をどれだけ破壊されたのかを見てものを言ってるのか。福島の人たちは自殺者まで出している。家庭崩壊も起こっている。別居生活を強いられている。作物をつくれない農民がいる。陸《おか》に上がりっきりにさせられた「漁師」がいる。こうした現状を放置しながら「生活を守るために原発を動かす」というのは沙汰の限りです。

再稼働を止めるためにはどうするか。稼働原発ゼロを実現しないと脱原発の道は始まらない。その天王山として4月から5月の始めまで大飯原発再稼働の問題がありました。

――再稼働の流れに抗して、関電京都支店前の座り込みとハンストとなるのですね。

4月18日から5月5日までの18日間、朝から夕方までの時限的なものですが、食事抜きのハンストをやりました。最初は仲間たちからハンストをすることに対して賛同を得られなかったのです。命をかけて、長期にやる体制も大変です。5月5日には泊原発は定期検査に入り、日本の原発の全てが稼働を停止します。それを確認してハンストを止めるということでみんなの理解と協力を得ました。

こうして始めた行動は大成功でした。18日間で延べ500人ぐらいの人が参加し、坐り込みと署名活動をしました。大江健三郎さんらの呼びかけた1000万人脱原発署名は5000筆ほど集まりました。関電京都支店は京都駅前にあります。他府県や外国人の観光客の協力も得られました。行動の最終日はさわやかな気分でした。稼働原発ゼロの日を迎える、記念すべき子どもの日だったからです。

いのちの自然を傷つけるエネルギーの過剰消費をやめる
――節電は文明転換の行為

――にもかかわらず大飯原発の再稼働ですから、悔しくないですか。

悔しくないと言えば嘘になりますが、「原子力ムラ」の連中も利権を守るために必死です。財界の後押しを受ける無責任な政治ですから、再稼働は驚きではありません。勝負はこれからです。今夏（2012年）の節電が脱原発への道を拓いたといえます。電力危機が虚偽であり、原発ゼロでも大丈夫ということが明白になった。この事実をしっかり認識できれば、大飯原発再停止から他の原発再稼働阻止へと世論を強めることができると思います。

しかし、「電気が足りるから大丈夫」というだけでは駄目なのです。代替エネルギーの議論の限界はあるのですから、徹底した節電がこれからの社会で求められます。エアコンがなくても生きられる自信が必要です。そのことを示すために、極端かもしれませんが、食事抜き18日間の坐り込みをしようと思ったのです。

最初の6日は野菜ジュースとヨーグルトの流動食で

準備をした上で、後の12日間は水だけというものでした。それでも元気一杯、毎朝の駅前での準備と夕刻の後片付けの作業は欠かさずに行なうことができました。僕は飢えの未来を想定して、少食を徹底する努力を続けてきたからです。飽食だから不健康、メタボの心配があるのです。いのちはたくましいのです。すばらしい生きる力に自信をもつことで、省エネと節電を徹底する未来社会に確信を深めたいものです。

――しかし節電といえば何となく後ろ向きで暗いイメージがありますね。

そうなのでしょうね。多くの人はいまのモノ豊かさを捨てがたいと思っていますからね。だから節電だ、計画停電だと電力会社はおどかすのです。失うことを恐れ怯える現実に身を置く限り出口はないのです。今の社会で私たちは幸せなのでしょうか。個々人の健康についてもガンや難病に悩むことがモノの豊かさとともに多くなったでしょう。エアコンもそんなにすばらしいのでしょうか。夏暑く、冬寒いのが自然なのです。夏涼しく冬暖かく過ごすことで自律神経失調症が増えています。低体温の人も増えました。体温調節能力が衰えて、熱中症にかかりやすくなった。電気の大量消費による人工環境がいのちの自然を傷つけているのですから考えさせられます。

節電は無駄をなくす、節約するというより、私たち人間自身に危険な過剰消費をやめることだと前向きにとらえたい。節度を欠いた利己的刹那的享楽が問題なのです。未来の世代は私たちの享楽の結果を、消せない放射能という負の遺産として押しつけられるのです。このような横着を当然とする社会が社会的不幸を拡大するのはまちがいありません。

自分のこと、目先のことしか考えぬ人たちで成立する社会では、強者の横暴がまかりとおり、弱者が泣くことになるのでしょう。子どもの世界まで自殺やいじめなどの社会問題が多くなってきました。争いと混乱は国内だけでなく、世界にも拡大し、戦争を生み出している。

もっと簡素な暮らしを求めたいと思います。そのためには天与された可能性を大切に生かす知恵と工夫が必要になります。ないものねだりは駄々っ子のすることです。与えられた現実の中から生きる可能性を生み出す人間力が求められます。節電に向ける努力の中にもその可能性があるにちがいありません。いのちの自然を傷つける過剰な電化にしがみつく限り、その人間力も育たない。人間力の尊重される社会は個性と能力が大切にされますから、人びとは幸せになるでしょう。そのためにもいのちの自然を大切にすることになります。

「今、いのちがあなたを生きている」——東本願寺の標語

いのち、この不可解ゆえに含蓄あるもの

——いのちの自然を大切にするってどんなことなのでしょうか。

具体的なイメージを考えるために、逆に抽象的なことを先にちょっと述べておきたい。僕は宗教的世界が大事になっていると思うのです。宗教的というのはどういうことかというと、生きることを問うことなのです。

例えば今、東本願寺は原発反対を声明として出しました。教団として宣言を出したのは初めてでしょう。大谷派、親鸞の教団は「今、いのちがあなたを生きている」という、わかりにくいけれども含蓄のある標語を出しています。ものすごく魅力的な標語だと思うのです。

「いのちがあなたを生きている」ってどういうことなのでしょうか。なぜ含蓄に富んでいるのでしょうか。

魅力的なのは、「いのち」は不可思議だからなんです。不可思議なものが生きているということが含蓄があり、魅力的なのです。

いのちっていうのはもともと不可解なんです。自分にいのちが与えられているというのは一体どういうことなのか。自分のいのちはハッピーや！と思います。親父とお袋の愛の戯れの結果だからです。幸せな人間同士の世界が前提とされて自分が今こうしてある、と思えると、歓びを感じられる。

なぜ、父親と母親の愛の営みで新しいいのちが誕生するのか。なぜ父親の何億という精子の中のたった一つが母親の卵子に合体したのか。偶然も偶然、とてつもなく偶然。理屈ではないのです。

そしてなぜ子宮に無事着床するのか。さらに、どのようにして胎盤ができ、へその緒ができ、栄養が補給されて大きくなるのか。気がついたら手足ができるわけです。生命科学がさまざま研究されていますが、そんなのは一向に解明できないのです。解明もできないそんなことの上で生まれてきます。

そして生まれてきたいのちは、最初は眠るだけです。というのは革命的生命の変化を経験するんですから。肺呼吸をしていなかったときから、肺呼吸によって自立して生きろと誰からともなく命じられたわけです。何も考えもできない生まれたての赤ちゃんは、教えられることもなく、それでも呼吸をして、自分で生きなければいけない。

生きる力は与えられています。病気になったときには生きる縁があれば治るんです。生きる縁がなければ死ぬんです。生きる縁を大事にしたらいいんです。それはどういうことか。

エアコンにあたるとよくないんです。冬に風をひく。罰が当たるんです。夏は暑さに耐えて汗を流したら、風邪をひかないんです。ちゃんとできている。そういう大きないのちの予定調和の中でいのちは生きるんです。本当に摩訶不思議です。ここにいのちの強靭さもある。要するに「生きるべし」という力をわれわれは受けているのです。

南無阿弥陀仏
——「悠久無限」に小さな自分をお任せする

永い悠久の時を生き抜いてきた生命には、強い慣性としての生きる力が与えられているということなのでしょう。だからそこに信頼を寄せて生きるのか、そこを忘れて生きるのかでは全然生き方が違うでしょう。

いのちの自然にお任せするのです。例えば眠りもそうです。今回の地震で経験したのですが、あの3月11日の夜は寝られなかったのです。それは事故の展開が予想できたからです。12日も13日も、日本有機農業研究会の総会があって福井にいたのですが、そこで覚えているのは脱原発の総会決議をやったことだけです。ほかのことは全部上の空だった。

何が起こるのか、今どうなっているのだろうかと、炉心冷却用の電源が失われたときに起こる事態の深刻さを考えてしまうからです。考え悩んでも仕方ない。自分には何もできないのです。東電は何も情報を教えてくれないから本当のことはわからない。わかったとしても僕があれしたら、こうしたらと言ったって聞いてもらえるわけがない。その限りでは考え悩むことは意味がない。悩む必要もないんだけれども、悩んで寝つかれない。

そのときに「南無阿弥陀仏」と口で唱えていたら、いつの間にか自然に眠ってしまったのです。眠らなくてはと思えば思うほど眠れない。しかし身体が眠りを求めていれば自然に睡眠は与えられたんです。要するにそれは阿弥陀様にお任せなのです。阿弥陀様に帰依する、いのちを預けますということなのです。

阿弥陀というのは仏教的世界でいうと、アミターバ、アミターユという古代インド人の語で、無限を意味するのです。悠久と無限の広がりを意味する言葉です。われわれの手に及ばない、桁違いの遠い大きな存在、そのことに小さな自分をお任せしますというのが「南無阿弥陀仏」だろうというわけ。

僕はそのことはあまり深く考えていなかったのですが、寝ようと思うから寝られないのであって、くだらんことを考えるのをやめて「南無阿弥陀仏」と言っている間に肩の力が抜けているのでしょうね。しらん間に寝ちゃうんです。肩の力を抜いて、天与された生きる力を確信するということが大事なのでしょう。

――「南無阿弥陀仏」はいつごろから唱えられてたんですか。

自分の口から唱えたのは今度の事故後です。

呼吸だって寝ている間に意思をもってしていないでしょう。意思をもって呼吸をしたら息苦しくなる。呼吸を意識するとしたら、起きているときの吐く息です。「フー」っという安心、安堵の穏やかな意識ですね。取り込むことより出すことが安定、安心につながっているのでしょう。欲張ることは幸せにつながらないということなのだと思います。

そこで生きるためには食べものです。そして、おいしい食べものというのは健康にいいものです。体が必要としているものをおいしいと感じることが素直なおいしさなのです。

口先で、あるいは値段が高いからおいしいと思っているのは歪んでいるわけです。商品化された世界が歪ませている。だけど体が求めておいしいものを食べたくなるんです。おいしく食べられる幸せは天与された生きる力によっているのでしょう。

いのちを大事にするという原理を受け入れたら幸せは向こうからやって来る。素直な生きる場には、こっちから求めなくても喜びが与えられている。こういう原理で世の中を組み立てることはできませんか。できるのではないでしょうか。

――原発が問題なのは、いのちを大事にしないからだということでしょうか。

そのとおりです。「原子力」という言い方は平和利用だとごまかすためのものです。原子の安定性とは違って「原子破壊力」なのです。ウラン原子を分裂させて巨大なエネルギーを取り込もうという、実に乱暴なものです。いのちを大事にする、いのちの原理に素直に従うということの対極にあります。巨大なエネルギーを超高温で利用する危険な技術です。危険すぎて安全確認ができないものであり、安全装置もコンピュータ依存の盲信の極みです。基本的な安全性の確認実験もできない、「非科学的」技術なのです。

それに対していのちは、安定した原子の常温でのおだやかな化学反応で成立するものです。だからいのちは強靭であり、喜びや幸せが予定調和的に天与されるのです。この天与された生きる力に自信をもって生きる以外に道はないでしょう。脱原発の社会は夢のような享楽生活をというわけにはなりません。厳しいものになるでしょう。厳しいからこそ生きることに自信をもつ必要があるのです。

自分のことを繰り返して恐縮ですが、人間には18日どころか1ヶ月断食しても生きられる力があるのです。いのちを大事に思うからこそ、いのちのすばらしさ、強靭さに自信をもち、素直に生きていきたいものです。

いのちの原理に未来を託す

貪欲＝生活財の貝に今の「貪」でなく、共貧＝貝を分かちあう「貧」

――槌田さんにとって次の社会のイメージをもっと具体的に語ってもらうと…。

今お話ししたように、いのちを大切にし、いのちの強靭さ、すばらしさに自信をもって生きる社会です。それは本当の意味での民主主義社会になること、多様性を尊重する社会です。いのちの世界は個性的な多種無数の生物種の共生で成立しています。その世界に学んでこそ安定した社会になるのです。農的社会です。有機農業の考え方です。

僕は今、自宅の庭に40坪ほどの小さな畑を耕しています。一家で食べる分くらいの野菜は自給できています。

畑で耕すときは、人間だけの営みじゃないんです。畑っていうのは多様な個性的生きものの共生の場です。いろんな生物がいて、いい畑にしてくれている。

作物だけが育ってるんじゃなくて、雑草と一緒に育ってるんです。だから病気が出にくい。いろんな虫たちや病気の菌たちがいて、多様性があるから病気も虫害も発生しにくいんです。生きることに真剣な生物たちが互いに影響しあって安定のバランスが成立するからです。人間社会の参考にしたいものです。今は欲求不満で追い立てられる世ですが、もっとゆったり、個性が尊重される社会でありたい。

足ることを知るという幸せはお釈迦さんの言葉の中にいっぱい出てきます。お寺などで見かけますが、手水鉢に「吾唯足知」（われただたるをしるのみ）とあります。要するに与えられているものによってしかわれわれは生きるしかないし、与えられているものを他のいのちとともに引き受け分けあって生きるしかないというそういう社会。今の都合だけを考えるのは貪欲の「貪」です。生活財の「貝」に「今」を乗せているでしょう。貪欲にならず分かち合うこと、「共生・共貧」です。「貧」という字は「貝」に「分」を乗せています。分かち合う幸せが貧の中にあるのです。生きるために分かち合う必要があるからです。

脱原発後の永続社会というのはそれだと思うんです。どこまでもおろかな人間の世界ですから、完全はない。しかしそうあるんだと思って生きる人が増えれば脱原発も実現するし、不幸は小さくなるはずです。

――槌田さんのお話は、次の社会を考える場合のソフト面を語ってらっしゃるんですよね。ハード面も語ったほうが世間は受け入れやすいと思うのですが…。

ハード面はあとからついてくるんです。でもハード面もないものねだりのハード面の話題がみんな好きですね。

ハード面を語っているとなんか希望があるみたいに見えるんです。高度成長期には未来学が盛んでした。しかし、欲呆け人間が明るく未来を語るハードの話題は今までその多くは幻でした。

僕から言うと「まあ、そういうことができるんやったらいいよな。できたら、やったらええけど、でもできなかったときどうするの」

例えば代替エネルギーの議論ばかりしてそれがうまくいかなかったとき、原発に戻るというのですか。何度も言いますが、原発は原理的に危険であり、人道的、倫理的に犯罪であり、廃止以外にありません。今、日本はないものねだりを反省し小さく生きることです。

そういうことを考えていくと与えられているもの、

日本の風土が与えているものの生きればいいじゃないか。日本の自然は緑豊かです。その緑とともに生きることです。

有機農業運動が置き忘れてきたかもしれないこと

――最近「共悲」ということもおっしゃってますね。

「共感共悲」ですね。「共悲」というのは仏教的にいうと仏の「大悲」です。大きい慈悲です。「悲」というのは悲しむということではなくて、どちらかというと慈しむということに近いのです。「悲」の一字で「慈悲」を普通は表します。キリスト教的には共苦でしょうか。

あえて宗教的な言い方をすると、与えられたいのち、預かっているいのち、それに素直になったら、そんなにたくさんの資源を必要としないのではないか。太陽の光は太古の昔から今日まで地上にふりそそいでいる、そして緑の世界が豊かにある、水がある。そうすると豊かな緑を「ごめんなさいね、自分たちの都合いいようにちょっと変えさせてもらいます」と言って畑にする。そしてその畑から与えられた命を、いのちの糧として生産物をいただくのです。

それも人間だけが一人占めするのは許されません。太陽エネルギーが緑の世界で有機物として固定されますが、そのエネルギーは多種無数の生物たちによって分かち合わされている。限られた有機物を分かち合って生きる。ここに「共生共貧」の幸せな豊かさがあります。

土から得たものも土に戻したら微生物や小動物たちに功徳を施すことになります。そして功徳を施したおかげでやがていい土に変わる。それでまた循環して畑の生産物として返ってくる。そうした多くのいのちとともに生きる世界の中で安定がある。有機農業においてはそういうことになるんです。

有機農業とは一体何だったんだ。いのちを大事にする農業じゃなかったのか。いのちを大事にするとは一体、何だったのか。無農薬なのか、無化学肥料なのか。それは一つの大事な側面です。しかしいのちを大事にするということはそれだけなのか。

自分は安全なものを食べたいという運動なら、その限界が今度の原発事故ではっきりしました。だから有機農業運動の意味をもっともっと語り継ぐ運動を広げていかなくてはならない。

有機農業は安全な食べものの共同購入運動としては広まりました。しかしそれは本当は世直し運動ではなかったのか。一楽照雄さんは、有機農業運動は世直し運動だと言っていました。しかし現実に展開した「提携運動」は共同購入運動でした。食の安全を願うのは当然のことですが、モノの安全だけを求めて自分の食卓しか考えないのであらば自己中でしかない。だから有機農業の思想、この運動をもとにして世の中を変えていくんだという感覚はどこかに置き忘れてきてしまった感がある。今もう一度、それを取り戻さないといけないのです。

キング牧師の言葉に思う
――未来を傷つける原発を子や孫に残さない勇気を

――そうは言ってもやはり放射能は危険な物質ですよね。となると槌田さんの言葉は皆さんに伝わらない面があると思います。

放射能の危険性をどうでもいいと言っているわけじゃない。放射能の危険から眼をそらさないことは大事です。直視すべきです。でも、見ても怯えるな、逃げるなということです。危険じゃないから福島の野菜を食べようと言っているわけじゃない。福島の有機農家が家族も食べている野菜だったら、ともに食べよう、と。私は一緒に食べます。

福島にはとんでもない量の放射能がばらまかれたのですが、それに比べたら私たちが問題にしている放射能の量は少ないのです。その数字にこだわって、自分の健康しか見えぬようではエゴイズムだ。大きな巨悪から目をそらしてはならない。原発事故の発生源、国・東電の責任を追及し、批判しつづけねばなりません。危険・安全という物的世界から、社会的理不尽に目を向けることが大切なのです。公害問題に関わって大切なのは、加害責任に注目することです。そして被害の実態を問うことです。

――問うべき相手を見失ってはいけないのですね。しかし、放射能自体の危険にもやはり…

放射能の問題はガンだけではありません。原爆ぶらぶら病もあります。外部被曝はまだわかりやすいのです。内部被曝はわからないのです。わからないから慎重に考えることは大事です。しかしわからないことにこだわって、関心を向けなくてはいけないことから眼をそらせていいのかということを申し上げておきたい。

例えば政府が決めた暫定基準、今度変わりましたけど、あの数字は無茶苦茶なものです。

無茶苦茶というのは数字が無茶苦茶というだけではなくて、原発事故について謝りもせずに、そして賠償について責任をもちますとは言わない。原発維持の方針を変えず、原発利権を守ろうとする「原子力ムラ」の意向を反映して決めた基準だからとんでもないんです。あの基準ですと検出限界を超えるものが少なくて済むんです。あの基準は安全のために決めたのではなくて、賠償・補償を小さくしたいという思惑、経済的理由、それも加害者の側の経済的理由で決めたんです。政府と東電の責任逃れです。だから理不尽なんです。放射能の危険性も大事ですが、もっと大事な問題があるんじゃないですか。世の理不尽を追及し、脱原発社会に向けて努力を強めることです。

――不安だ、危険だと怯えるな、自分の生活より世の中のことを問えということでしょうか。

そんなことを言いたいのではありません。誰にとっても自分の生活、生きることは第一です。でもその生活は社会の中で行なわれている。離れ小島で一人暮らしているのではない。だからこそ自分の幸せのために世の中のことと自分の生活の現実を同一のことと結びつけて大切にする必要があるのです。

誰もガンにはなりたくないでしょう。危険なものは避けたほうがよい。私も健康を大事にしています。健康な食生活となると玄米、豆、野菜、小魚、海草。これはわが家の5点セットです。

玄米は白米より、放射性物質の含有量は倍です。玄米は1キロ当たり75ベクレルの放射性カリウムをもっています。白米は33ベクレル。カリウムとセシウムの被曝量は、元素が違い、放射線のエネルギーが違いますから危険度に差があります。だけど倍は違いませんが放射能にこだわったら玄米は怖くて食べられないですよ。でも私は玄米食をつづけています。

ものごとはいろんな面をもっています。それらを総合的に考えないと確かなことはわかりません。

豆はもっと強い放射能をもっていますが、豆を原料にする味噌は健康食の基本です。その味噌は、放射能に対してものすごくいいんですよ。長崎の秋月辰一郎さん、被曝したお医者さんですね。彼の医療チームは、玄米とワカメの入った味噌汁を食べて治療にあたった医療者からは被曝症は出ていない、だから味噌はいいと言われています。でも豆はキロあたり５７０ベクレルの放射性カリウムを含んでいるんですよ。

と考えると放射能に怯えるんじゃなくて、健康にいいなら、放射能を含んでいても食べるべしとなるんです。

健康とは何か。健康とは体の健康だけじゃないんです。ガンにならないことだけじゃない。ガンになってもまわりに看病してくれる人がいれば、その人は幸せです。ガンにならなくても孤立死、孤独死をしたら不幸です。だから社会関係が変わるということは大事なんです。個人の健康は社会的要因で左右されます。

健康は体の健康、精神の健康、社会の健康。何が社会の健康か。自己中心社会は不健康です。互助共生の社会は健康です。だから、脱原発を目指し福島に心を寄せたいのです。健康とは社会的関係であり、総合的なものなのです。

——時間は未来へつながっていますね。

私たちが何故、原発に反対するのかというと子や孫たちが幸せに生きられるためです。

原子力がなぜダメかというと千年、万年の間消すことができない毒物だからです。

事故が起こってばらまかれた放射能の危険も問題ですが、自分たちの利用した電気の故なら自業自得というべきかもしれません。原発は未来を傷つける犯罪なんです。

これに対する答えは、天から与えられたものに自足する社会を求めること。足ることを知る社会です。乏しいなら独り占めしないようにしよう。日本は資源が乏しい国だと欲求不満にならないこと。私たちは緑豊かな自然を与えられているんだ。その自然に寄り添って生きる。知恵と工夫で生きていくんだ、与えられたものによって生きて行くんだ、そういう社会をつくれたらいいなと思います。

優しい社会をつくろうとすれば、怯えていては不可能です。怯えず勇気をもって、自分を変えることから始まるのでしょう。社会に向き合い、現実の生活を変える勇気をもちたいものです。

最後に一つの言葉をお伝えします。アフリカ系米国人の公民権運動で有名なＭ・Ｌ・キング牧師の言葉です。

「我々の世代が後世に恥ずべきは、悪しき人びとの過激な言葉や暴力ではなく、善良な人びとの怯えと無関心である」——Ｍ・Ｌ・キング。

あとがき

この本が誕生したいきさつをお話しさせていただきます。

ロシナンテ社という小さな小さな会社が京都にあります。何をする会社かといいますと『月刊むすぶ』という雑誌を出すことを生業としています。この雑誌は１９７０年創刊。当時は『月刊地域闘争』という誌名でした。どんな雑誌かといいますと市民・住民運動の発信のお手伝いをするのです。市民・住民運動といいましてもいろいろあるのですが…「原発はいらない！」。そんな運動です。

反原発、脱原発運動はこの雑誌の大切なネットワークのひとつです。しかしこの雑誌では声を広げるのに限界があります。私は考えました。「そうだ！　本を作ろう。普通に本屋さんで買ってもらえるものを作ろう」。そんなことを考えたのです。

反・脱原発となると槌田劭さん。槌田さんはロシナンテ社設立の頃からのお付き合いです。

ということで、この本の制作が始まりました。

槌田劭さんと訪ねた明通寺は山の中にありました。創建１２００年を超える真言宗御室派の名刹です。まだ夏のころでした。駐車場脇の階段を上がると国宝に指定されている本堂と三重塔があります。槌田さんは階段をひょいひょいと軽やかに足を運んでいました。このお寺の住職が中嶌哲演さんです。

明通寺のある小浜市は東に敦賀市、西に大飯、高浜町があります。原発銀座の真ん中です。そんな地で40年以上、「原発反対」の声を上げ続けてきたお坊さんです。

槌田さんのお話には宗教の匂いがする。それなら中嶌さんと対談してもらったら、原発を必要としない価値観を指し示してもらえるんじゃないか、と私は考えました。ということで槌田さんを車に乗っけて琵琶湖の西を北上したのでした。

槌田さんは元・科学者です。原発のデタラメさを告発して、科学に疑問を感じて科学者をやめました。つまり槌田さんの根っこには「科学」があるのです。それで小出裕章さんにお葉書を出しました。「槌田さんと対談しませんか?」。すると「槌田さんと私では考え方はほとんど一緒です。それでもよかったら」とメールが来ました。ということで二人で京都大学原子炉実験所へ出かけました。

小出さんは、原子力発電の問題性、犯罪性を追及するための研究を続けていると言います。一方、槌田さんは、科学技術の限界を考え、使い捨て時代を考える会という市民運動の場に身を置きました。そんなお二人の対談も私たちにこれからの一つの示唆を与えてくれます。

こんななりゆきで誕生した本です。すこしでも多くの皆様にお読みいただき、原発を必要としない世の中になることを願っています。

最後にこの本の出版を快く引き受けていただいた農文協さんにこころより感謝です。

2012年11月

ロシナンテ社　四方　哲

著者

小出裕章（こいで　ひろあき）

京都大学原子炉実験所助教。

1949年、東京生まれ。東北大学工学部、同大学院修士課程修了。大学入学時は原子力を未来のエネルギーと考えていた。女川原発に反対する住民に出会い、「安全ならどうして仙台に原発を建設しないのか」と問われ、考え抜き、「原子力と人類は共存できない」という結論に至る。その後、原子力発電を止めさせるために研究者の道を歩む。1974年京大に助手として採用後、伊方原発訴訟に住民側証人として参加。過疎地、労働者を差別する原発と向き合ってきた。

著書『原発はいらない』幻冬社ルネッサンス新書、2011年、『隠される原子力・核の真実 原子力の専門家が原発に反対するわけ』発行創史社・発売八月書館、2010年、ほか多数。

中嶌哲演（なかじま　てつえん）

棡山明通寺住職。

1942年、福井県小浜市生まれ。高野山大学仏教学科卒業。在学中、広島出身の被爆者と出会う。小浜で被爆者を探し出し、専門医の診察を受けられるように尽力。1968年帰郷。被爆者援護法が制定されるまでの26年間、明通寺周辺の集落で托鉢を続ける。同年、小浜市に原発誘致の計画が持ち上がる。原発に疑問をもち反対運動に参加。以来、宗教者として平和運動、反原発運動に関わる。2012年春、大飯原発再稼働に反対してハンストを決行。後に瀬戸内寂聴さんも参加。

著書『状況への言葉：フクシマ、沖縄、「在日」』（聞き手・新船海三郎氏、共著）本の泉社、2012年、『いのちか原発か』（小出裕章氏と共著）風媒社、2012年、ほか多数。

槌田　劭（つちだ　たかし）

使い捨て時代を考える会相談役。

1935年、京都市生まれ。京都大学理学部卒業。1967年京都大学工学部助教授。専攻は金属物理学。1973年伊方原発訴訟に住民側証人として参加。敗訴後、科学技術に疑問をもち、大学を辞職。後に精華大学教員。1973年、使い捨て時代を考える会設立。理事長として運動を牽引。有機農業運動にも深く関わる。日本有機農業研究会幹事など歴任。福島第一原発事故後、福島県の有機農業者を訪ね、支援を模索。2012年、5月18日から脱原発を訴え、18日間ハンスト。

著書『脱原発・共生への道』樹心社、2011年新版、『共生共貧・21世紀を生きる道』樹心社、2003年、『地球をこわさない生き方の本』岩波ジュニア新書、1990年、ほか多数。

著者　小出裕章
中嶌哲演
槌田　劭

企画・プロデュース　四方　哲

農文協ブックレット 7
原発事故後の日本を生きるということ

2012年11月20日　第1刷発行

著者　小出裕章
中嶌哲演
槌田　劭

発行所　社団法人　農山漁村文化協会
〒107-8668　東京都港区赤坂7丁目6-1
電話　03 (3585) 1141（営業）　03 (3585) 1145（編集）
FAX　03 (3585) 3668　　振替　00120-3-144478
URL　http://www.ruralnet.or.jp/

ISBN978-4-540-12165-4
〈検印廃止〉
© 小出裕章・中嶌哲演・槌田 劭 2012 Printed in Japan
DTP 制作／㈱農文協プロダクション
印刷・製本／凸版印刷㈱
乱丁・落丁本はお取り替えいたします。

農文協ブックレット5

脱原発の大義 ―地域破壊の歴史に終止符を

A5判172ページ　800円+税

鎌田慧・飯田哲也・槌田敦・岡田知弘・諸富徹・小山良太・開沼博ほか著

脱原発を、持続可能な地域社会をつくる展望と併せ追求。

放射性廃棄物のアポリア

フクシマ・人形峠・チェルノブイリ

土井淑平著　B6判　224ページ　1600円+税

反原発の粘り強い抵抗を続けてきた全国津々浦々の農家や漁師、地域住民の闘いの意味。

シリーズ　地域の再生　第8巻

復興の息吹き　人間の復興・農林漁業の再生

四六判上製　336ページ　2600円+税

田代洋一・岡田知弘編著

横山英信・冬木勝仁・小山良太・濱田武士・池島祥文 著

被災地を営利の場に転じようとする災害資本主義の邪《よこしま》を排し、地域自身の歴史的な営為の再開としての生業と生活の復興の息吹きを描く。二重被災という極限の最中からの地域の再生は、あすは我が身かもしれない全国民共通の課題。

●農文協ブックレット（3のみ900円+税、ほかは800円+税）

1　TPP反対の大義　宇沢弘文・内山節・小田切徳美ほか
2　TPPと日本の論点　松原隆一郎・孫崎享・鷲谷いづみほか
3　復興の大義　高史明・山口二郎・中野剛志ほか
4　TPP48のまちがい　鈴木宣弘・木下順子
5　脱原発の大義　中島紀一・古沢広祐・山下惣一ほか
6　恐怖の契約 米韓FTA　宋基昊 著／金哲洙・姜暻求 訳

新石油文明論

砂漠化と寒冷化で終わるのか

槌田敦 著　A5判　2381円+税

温暖化、オゾンホール、リサイクル、代替エネルギーなど環境問題の俗説に潜む陥穽とは？〝まだ200年は続く〟石油文明が子孫に何を残せるか。江戸期日本の環境回復をモデルに自然を育てる〝後期石油文明〟を展望。（在庫僅少）

核の世紀末〈PDF版〉

来るべき世界の構想力

高木仁三郎 著　1457円+税

チェルノブイリや湾岸戦争で明らかなように、今世紀、人間が造り出した科学・技術は人間を含む地上の生命を根本から脅かしている。その矛盾の根源を辿り、自然と社会との共存の原理を探る来世紀の科学を模索。

子どもと話そう原子力発電所〈PDF版〉

おもしろ学校公開授業の記録

名取弘文 著　1333円+税

父母が、ジャーナリストが、反原発運動の活動家が子どもに語りかける。映画「脅威」や「ナウシカ」を観る。リアルタイムで子どもと「暮らしの安全」について考える小6家庭科授業。

海と魚と原子力発電所〈PDF版〉

海民の海・科学者の海

水口憲哉 著　1419円+税

いま、ここだけの豊かさのために未来と自然の財産を貪る原子力発電所。10年、20年と、原発をつくらせないできた全国30カ所以上の漁民の持続力に学び、脱原発の方向性を探る。

※PDF版は「田舎の本屋さん」（http://shop.ruralnet.or.jp）の電子図書コーナーからダウンロードください。